化学の要点
シリーズ
13

化学にとっての
遺伝子操作

日本化学会 [編]

永島賢治 [著]
嶋田敬三

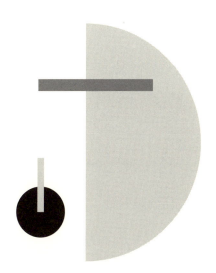

共立出版

『化学の要点シリーズ』編集委員会

編集委員長	井上晴夫	首都大学東京 人工光合成研究センター長・特任教授
編集委員 (50音順)	池田富樹	中央大学 研究開発機構 教授
	伊藤 攻	東北大学 名誉教授
	岩澤康裕	電気通信大学 燃料電池イノベーション研究センター長・特任教授 東京大学 名誉教授
	上村大輔	神奈川大学 理学部化学科 教授 名古屋大学 名誉教授
	佐々木政子	東海大学 名誉教授
	高木克彦	公益財団法人 神奈川科学技術アカデミー研究顧問兼有機太陽電池評価プロジェクトプロジェクトリーダー 名古屋大学 名誉教授
本書担当編集委員	井上晴夫	首都大学東京 人工光合成研究センター長・特任教授
	伊藤 繁	名古屋大学 名誉教授・非常勤講師 名古屋工業大学 非常勤講師

『化学の要点シリーズ』
発刊に際して

　現在，我が国の大学教育は大きな節目を迎えている．近年の少子化傾向，大学進学率の上昇と連動して，各大学で学生の学力スペクトルが以前に比較して，大きく拡大していることが実感されている．これまでの「化学を専門とする学部学生」を対象にした大学教育の実態も大きく変貌しつつある．自主的な勉学を前提とし「背中を見せる」教育のみに依拠する時代は終焉しつつある．一方で，インターネット等の情報検索手段の普及により，比較的安易に学修すべき内容の一部を入手することが可能でありながらも，その実態は断片的，表層的な理解にとどまってしまい，本人の資質を十分に開花させるきっかけにはなりにくい事例が多くみられる．このような状況で，「適切な教科書」，適切な内容と適切な分量の「読み通せる教科書」が実は渇望されている．学修の志を立て，学問体系のひとつひとつを反芻しながら咀嚼し学術の基礎体力を形成する過程で，教科書の果たす役割はきわめて大きい．

　例えば，それまでは部分的に理解が困難であった概念なども適切な教科書に出会うことによって，目から鱗が落ちるがごとく，急速に全体像を把握することが可能になることが多い．化学教科の中にあるそのような，多くの「要点」を発見，理解することを目的とするのが，本シリーズである．大学教育の現状を踏まえて，「化学を将来専門とする学部学生」を対象に学部教育と大学院教育の連結を踏まえ，徹底的な基礎概念の修得を目指した新しい『化学の要点シリーズ』を刊行する．なお，ここで言う「要点」とは，化学の中で最も重要な概念を指すというよりも，上述のような学修する際の「要点」を意味している．

本シリーズの特徴を下記に示す．
1）科目ごとに，修得のポイントとなる重要な項目・概念などをわかりやすく記述する．
2）「要点」を網羅するのではなく，理解に焦点を当てた記述をする．
3）「内容は高く」，「表現はできるだけやさしく」をモットーとする．
4）高校で必ずしも数式の取り扱いが得意ではなかった学生にも，基本概念の修得が可能となるよう，数式をできるだけ使用せずに解説する．
5）理解を補う「専門用語，具体例，関連する最先端の研究事例」などをコラムで解説し，第一線の研究者群が執筆にあたる．
6）視覚的に理解しやすい図，イラストなどをなるべく多く挿入する．

本シリーズが，読者にとって有意義な教科書となることを期待している．

『化学の要点シリーズ』編集委員会
井上晴夫（委員長）
池田富樹　伊藤　攻　岩澤康裕　上村大輔　佐々木政子　高木克彦

はじめに

　筆者達は主にバクテリアを対象に光合成や電子伝達に働く色素やタンパク質の研究をしている．野生株から特定のタンパク質を精製して構造・機能を調べるのはもちろんのこと，そのタンパク質が生きている細胞の中でどんな役割を果たしているのかも調べる．そのとき，そのタンパク質だけを欠いている変異株があれば非常に役立つ．例えばクロロフィルの合成過程では十数種類の酵素タンパク質が順番に触媒反応を引き継いで完了するのだが，どのタンパク質がどの段階の反応を触媒しているか同定する必要に迫られることがある．このようなとき特定のタンパク質を欠く株があれば，蓄積した中間産物を分析して確実に同定ができる．この欠損株に別種の生物から遺伝子を導入し，合成機能が回復すれば，その遺伝子の機能が同定でき，新規化合物の合成に結び付く可能性もある．こうした魅力から筆者達は遺伝子操作技術を試行錯誤しながら取り入れ，中核技術としていった．さらに，変異株を作成後，色素やタンパク質の構造や機能を調べる段階で，自分自身で各種測定をするだけでなく，レーザー分光や電気化学測定などといった高度な測定技術を持つ研究者と共同研究をすることも増えた．多くの場合，化学や物理学のバックグラウンドを持つ研究者である．さて，そうなると試料の供給と測定という分業体制が何となく出来上がって付き合いが長くなり，そのうち先方から「こんな変異株は作れないか？」という注文が入る．もちろん，興味深い提案が多いので，こちらも頑張って変異株の作成に励むが，時には「今度学生を送るから作業を手伝わせてやってくれ」と派遣を持ち掛けられたり，先方の研究室の学生さんが「教えてください」と頼んでくることもある．そんなとき

は少し途方に暮れてしまう．というのは，本書で紹介する通り，変異株作成にはいくつもの実験作業の積み重ねが必要であり，未経験者が数日や1週間手ほどきを受けた程度ではとても対応できないからである．「PCRの方法」や「プラスミドの導入の仕方」など具体的な実験操作法を教えてくれという依頼ならば対応のしようがあるのだが．

　本書はもともと生化学や分子生物学のバックグラウンドを持たない読者に，遺伝子操作とは具体的にどんな原理に基づいてどんな作業をするのか理解していただくことを目的としている．変異株作成までに必要な多数の実験操作を項目ごとに切り分けて，具体例を挙げながら実際の手順を記述することを心掛けた．冒頭に述べたように筆者らも遺伝子操作については門外漢であった．いろいろな実験技法について本を頼りに試行錯誤した経験から，中途参入者が陥りやすい失敗や，とらわれてしまいがちな先入観などを体験して，実験のコツに多少は勘が働くようになった．本書にはこうした経験を意識してちりばめたつもりである．それらが多少なりとも役立てば幸いである．

2015年6月

永島賢治・嶋田敬三

目　次

第 1 章　序論　……………………………………………1

1.1　化学系の学生が「遺伝子操作」を学ぶ意義について …………1
1.2　本書の構成 ……………………………………………………3
1.3　DNA と遺伝子についての基礎知識 …………………………4
　1.3.1　DNA …………………………………………………4
　1.3.2　RNA …………………………………………………6
　1.3.3　DNA，RNA の方向性 ………………………………7
　1.3.4　アミノ酸配列とその表現法 …………………………7
　1.3.5　遺伝子からタンパク質合成への過程 ………………8
　1.3.6　遺伝子，タンパク質の名前 …………………………11
　1.3.7　使用器具，無菌操作 …………………………………13
　1.3.8　電気泳動法の概要 ……………………………………14

第 2 章　ゲノム DNA の抽出・精製　……………………17

2.1　細胞の破砕 ……………………………………………………17
2.2　DNA の単離 …………………………………………………19
2.3　DNA の精製（RNA の除去） ………………………………21
2.4　キットの利用 …………………………………………………22

第 3 章　プラスミドの性質と抽出法　……………………25

3.1　プラスミドとは ………………………………………………25

3.2 プラスミドベクター ……………………………………26
3.3 プラスミドの形態 ………………………………………27
3.4 プラスミドの抽出・精製 ………………………………28

第4章 大腸菌 …………………………………………………**33**

4.1 生きた試験管：大腸菌 …………………………………33
4.2 大腸菌の培養 ……………………………………………34

第5章 制限酵素 ………………………………………………**37**

5.1 制限酵素とは ……………………………………………37
5.2 制限酵素によるDNAの切断とアガロースゲル電気泳動……38
5.3 プラスミドの構造とマルチクローニングサイト ……40

第6章 DNAデータベースの活用 …………………………**43**

6.1 DNA塩基配列情報検索 …………………………………43
6.2 遺伝子地図の作成 ………………………………………44
6.3 クローニング ……………………………………………47

第7章 PCRによるDNA断片の増幅 ………………………**53**

7.1 PCRの原理 ………………………………………………53
7.2 PCRで使用するDNAポリメラーゼとプライマーについて…55
7.3 プライマー設計 …………………………………………56
7.4 反応条件 …………………………………………………59

第8章 大腸菌の形質転換 ･･････････････････････････････････**63**

8.1 プラスミドの導入 ･･63
8.2 形質転換株の培養 ･･66
8.3 形質転換マーカーとしての抗生物質耐性 ････････････････････67
8.4 ブルー・ホワイトセレクション ････････････････････････････68

第9章 遺伝子破壊 ･･････････････････････････････････････**73**

9.1 遺伝子破壊の概要 ･･73
9.2 挿入失活 ･･74
9.3 遺伝子置換 ･･76
9.4 遺伝子欠損 ･･77

第10章 エレクトロポレーションによる遺伝子導入と相同組換え ･･････････････････････････････**81**

10.1 エレクトロポレーション法とは ･･････････････････････････81
10.2 相同組換え ･･82
10.3 遺伝子破壊株の選抜 ････････････････････････････････････86
10.4 致死遺伝子をマーカーとした変異株の選抜 ････････････････88

第11章 ハイブリダイゼーション ････････････････････････**91**

11.1 ハイブリダイゼーションとは ････････････････････････････91
11.2 DNA試料作製とブロッティング ･･････････････････････････92
11.3 プローブの作成 ･･94
11.4 ハイブリダイゼーションとプローブの可視化 ･･････････････94

11.5　コロニーハイブリダイゼーション ……………………………96

第12章　接合伝達による遺伝子導入 ……………………**97**

12.1　接合伝達とは ………………………………………………97
12.2　接合伝達で用いるプラスミド ………………………………98
12.3　接合伝達による遺伝子導入操作の例 ………………………101
12.4　変異株の選抜 ………………………………………………102

第13章　遺伝子導入と強制発現 ……………………**105**

13.1　遺伝子導入実験の必要性 ……………………………………105
13.2　プラスミド上の遺伝子の発現 ………………………………105
13.3　相同組換えによる遺伝子導入 ………………………………108

第14章　部位特異的変異（点変異）の導入 ……………**111**

第15章　遺伝子クローニングの現代的手段 ……………**115**

15.1　相同組換えを利用した遺伝子クローニング …………………115
15.2　人工遺伝子 …………………………………………………116

第16章　大腸菌による外来遺伝子の強制発現 ……………**119**

16.1　発現ベクター ………………………………………………120
16.2　発現タンパク質の回収 ………………………………………121

第17章　DNAシークエンシング（塩基配列の決定） ……**123**

17.1　ジデオキシ法 …………………………………………123
17.2　サイクルシークエンス法 ……………………………125
17.3　ダイターミネーター・サイクルシークエンス法の操作 …126
17.4　外注による塩基配列決定 ……………………………128

第18章　変異株の保存 …………………………………**129**

第19章　遺伝子組換え実験の制限（カルタヘナ法） …………**131**

用語説明 ……………………………………………………**135**

索　引 ………………………………………………………**143**

コラム目次

真核多細胞生物の形質転換 ………………………………… 70

第1章

序論

1.1 化学系の学生が「遺伝子操作」を学ぶ意義について

「遺伝子」という言葉は言うまでもなく生物学・生命科学分野の用語である．この言葉が化学分野にどのように関係するのだろうか，さらに言えばどのように役立つのだろうか．後述のとおり，物質として見た遺伝子はデオキシリボ核酸（DNA）と呼ばれる巨大分子で，メチル化や脱アミノなどの反応を起こすことはあるが，比較的安定な化学物質である．その構成要素であるアデニン，チミン，グアニン，シトシンの並び方によって「情報」を保持することができる点がこの物質を特別な存在にしている．その「情報」は生物の細胞内で起こるさまざまな化学反応のほぼすべてを司り，さらには個々の反応を外界からの刺激に応じて量的・空間的・時間的に制御する．この「情報」を解読することは，複雑で巧妙な化学反応系の理解に繋がり，その理解を土台として「情報」を書き換えれば新たな反応系の創出にすら繋がる．機械論的見方として，細胞を一つのコンピューターシステムに例えると，DNAはハードディスクに相当するであろう．ハードディスクそのものは部品の一つに過ぎないが，そこに記録された情報＝プログラムはシステムの動作すべてを決定する．したがってプログラムを新しく追加したり，既存のプログラムに変更を加えたりすることで，システムの動作を思いの

まま変えることができる．このプログラムが遺伝子に相当する．そしてプログラミング＝遺伝子操作によって，生命が長い進化の過程で試行錯誤のうえ獲得してきたさまざまな化学反応系を理解し応用する可能性が広がるのである．本書ではDNAの化学的性質ではなくDNAの生体におけるソフトウェアとしての性質に基づいて，これに手を加える方法・意義について解説する．

　無数とも言える多様な生体反応の特異的触媒となる酵素のほとんどはタンパク質であり，タンパク質の性質はその一次元的構造を構成するアミノ酸の配列に依存し，そのアミノ酸の配列はDNAの塩基配列によって決められている．すなわち，DNAの塩基配列を変えればアミノ酸配列も変わり，これに伴ってタンパク質の性質の変化が期待され，触媒する反応も変化しうるし，一連の生体反応の一部を変えることで生産物さらには生き物そのものの性質も変わりうる．生体物質の生成機構や機能の解明，多様な生体反応機構や触媒機構の研究は生化学とも言われるが，対象が生命現象であることを除けば，本質的に化学分野の研究であり，DNAの化学的性質や取り扱いもその範疇に含まれる．実際に化学の研究のために遺伝子操作を利用するようになった研究者も少なくない．

　光合成をはじめとする生体反応は，化学合成に比べて遥かに高い効率を持つ反応系が多く，これらの反応を触媒する酵素の実体は主にタンパク質である．このタンパク質＝酵素の構造と機能の関係を明らかにすることは化学の夢と言ってもよいテーマであろう．事実，遺伝子操作を用いるタンパク質の改変はすでに応用研究のみならず，反応機構の解明などの基礎研究にも頻繁に利用されている．

　遺伝子操作は結果だけを見れば比較的簡単な手法に思われるかもしれないが，実際の作業工程は本書を読めばわかるとおり多くの素工程から成る．特に変異体の作成などは宿主生物の培養条件の決定

作業や遺伝子変異の確認工程を含めると実に細かく煩雑である．しかし，実はこのような作業には化学的センス，つまり DNA などの分子の状態を直接には見えないながらも想像できる能力が必要であり，使用する化学物質についての理解を含めて化学の基礎知識を持つ人が力を発揮できる分野なのである．

1.2 本書の構成

本書では遺伝子操作の工程の概要と各段階での操作内容を具体的に把握してもらうことを主眼に置き，個々の操作の背景の解説と実際例を示す．ただし，実験書ではないので本書だけを見ながらすぐさま遺伝子操作の実験ができるという形にはしていない．実際に作業を行うことになった場合に，実験書や文献を参照すれば目的に応じた適切な実験計画が立てられるレベルに到達できることを目標とする．実際に作業を始めてみようという人は，まず熟練の経験者の指導を受けるのが望ましいが，それが困難な場合は "*Molecular Cloning: A Laboratory Manual, 4 th Edition*"（Green, M.R. & Sambrook, J. 著，Cold Spring Harbor Laboratory Press）などの実験書に従って作業を行うことを薦める．また，DNA の化学物質としての詳細や，遺伝子の複製や転写制御について知識を深めたい場合は『細胞の分子生物学（*Molecular Biology of the Cell*）』（Alberts, B. 著，中村桂子，松原謙一 翻訳，ニュートンプレス）等の参考書を参照されたい．

本書に出てくる具体例は真核多細胞生物の遺伝子操作について紹介しているコラムを除いてほとんど細菌を扱ったものである．これは動物や植物などの高等生物を扱う場合も基礎作業に大腸菌などの細菌を利用する場合が多く，また基本操作は細菌であろうと高等生

物であろうとあまり変わらないというのが一つの理由である．もう一つの理由は，化学分野で遺伝子操作を利用する場合は，特定のタンパク質を細菌に合成させたり，あるいは細菌の代謝系に手を加えて，特定の生体物質を作らせる，あるいは作らないようにさせる場合が多いと思われるからである．本書では化学系の人達にはなじみの少ない用語を多く使わざるを得なかったので，初出箇所で多少の説明を加えたものも多いが，巻末に用語集を加えて簡単に参照できるようにした．

1.3 DNAと遺伝子についての基礎知識

1.3.1 DNA

遺伝子とは，当初は「生物のもつさまざまな形質に関する情報を持つ物質で，親から子に伝わるもの」という概念を示す言葉であったが，その実体が明らかとなってからはデオキシリボ核酸（DNA）という物質そのものをも含めて示す言葉となった．DNAは図1.1に示すとおり5単糖であるデオキシリボースと4種のいわゆる"塩基"およびリン酸の三つから成る"（デオキシ）ヌクレオチド"を単位とする一次元の重合体で，通常，生体内では塩基どうしが特異的水素結合で対合した2量体として2重らせん（2本鎖）構造を取っている．水素結合は4種の塩基のうちの2種づつ，すなわちアデニン（A）とチミン（T）およびグアニン（G）とシトシン（C）の間で形成されることから，2本鎖はそれぞれ鋳型関係となり相補的塩基配列を持つことになる．つまり，水素結合を外してそれぞれ1本鎖とし，個々の塩基に対合するヌクレオチドを持ってきて重合させれば，それぞれの1本鎖が鋳型となって元と同じ2本鎖が二つできることになる．すなわちDNAは複製が容易にできる

1.3 DNAと遺伝子についての基礎知識　5

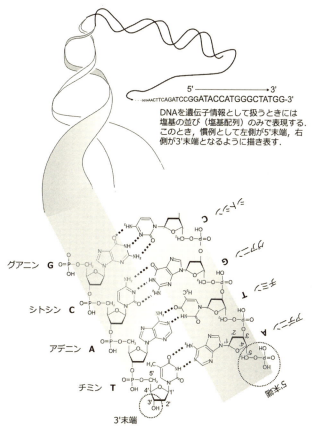

図1.1　DNAの構造と塩基配列情報

物質であり，細胞分裂ごとに同じ情報が各細胞に伝わるという，生物学的目的にかなう物質と言うことができる．

なお，生物の持つDNA全体（後述するプラスミドなど独立的な小さいDNAは除く）を遺伝子の総体としてゲノムと呼ぶことがあ

る．似た言葉に染色体があるが，これはヒストンなどDNA結合タンパクも含めた構造体としての意味で使われることが多い．

DNAは2重らせん構造をもつ繊維状の巨大分子で，長いものでは数cmにもなる．通常，DNAの大きさは塩基対（base pair:bp）の数で表現する．数千から数百万の塩基対のDNAを扱う場合も多いので kilo（10^3），mega（10^6）の単位も使い，それぞれ kbp（kb），Mbp（Mb）と表現される．例えば大腸菌のゲノムDNAは約4.6 Mbで1.5 mmほどの長さである．また，PCRプライマーなど1本鎖DNAの場合，その大きさは塩基長（nt）で表す．

1.3.2 RNA

生体内にはDNAと似ているが糖の部分がリボースであるリボ核酸（RNA）という物質が多く存在していて，DNAの情報をタンパク質合成に結びつける段階でさまざまな形で働いている．DNAの塩基配列情報を"転写"してタンパク質合成装置（リボソーム：Ribosome）へ移送する役割（メッセンジャーRNA：mRNA）やアミノ酸を結合してリボソームへ移送する役割（トランスファーRNA：tRNA），さらにはリボソーム自体を構成してmRNAやtRNAを適切に配置し，情報に応じてアミノ酸をつないでいく（"翻訳〈translation〉"）役割のもの（リボソームRNA：rRNA）がよく知られているが，他にもDNAや他のRNAに干渉してタンパク質合成の制御に関わるものなど，近年多くの機能を持つRNAが存在することが明らかとなってきている．

RNAの物質的特長はまずDNAと同様に4種の塩基による特異的水素結合能を有することであろう．ただし，DNAで用いられている塩基の一つであるチミン（T）が，RNAでは5位のメチル基が無いウラシル（U）に変わっている点では明確に異なる．化学進化の

観点では，DNAはRNAより後からできたと推定されており，DNAではデオキシリボースとチミンを用いたことで2重らせん構造がRNAより安定になったと考えられている．一方，RNAはDNAと対合するほか，同じ1本鎖のRNA内部の塩基間で水素結合を形成し2次元，3次元構造を作るが，RNAどうしの長い2本鎖は構造的にやや不安定であることが知られている．

1.3.3 DNA，RNAの方向性

上記のようにDNA（RNA）は一次元的構造を持つが，この構造には方向性があることを理解しておくことが重要である．図1.1のとおりDNA（RNA）はデオキシリボース（リボース）の間をリン酸のジエステル結合でつないでいるが，リン酸とデオキシリボースとの結合部位が一方は5'位炭素でもう一方は3'位炭素である．1本鎖のDNA（RNA）の二つの末端はリン酸基がないとすれば片方は5'-OHで，もう一端は3'-OHとなる．このことからDNA（RNA）の両端をそれぞれ5'末端，3'末端と呼んで区別する．生体内でのDNA（RNA）の合成は3'側にリン酸エステル結合でデオキシヌクレオチドを結合させていく，つまり5'側から3'側に鎖が伸びていく形で行われるので，5'側を上流，3'側を下流と表現することも多い．本書では題名のとおりDNAの「操作」について紹介するが，その操作の中にはしばしばDNAやRNAを合成する過程がある．この場合も常にDNA（RNA）は5'側から3'側に鎖が伸びていく形で行われることを頭に入れておいて欲しい．

1.3.4 アミノ酸配列とその表現法

タンパク質を構成するポリペプチドは，20種類のL型アミノ酸が一次元的，つまり鎖状に重合した構造を持つ．この重合構造は各

アミノ酸のα炭素に結合しているアミノ基と，隣のアミノ酸のα炭素に結合しているカルボキシル基の間で作られる（＝脱水縮合）ペプチド結合の連続により形成されている．この鎖の両側の末端ではペプチド結合に参与しないα–アミノ基あるいはα–カルボキシル基が生じるため，片方をアミノ末端（N末端），もう一方をカルボキシル末端（C末端）と呼ぶ．生体内ではアミノ酸の鎖はC末端方向へ延びる形で合成されるので，DNAの場合と同様，方向性があることを知っておいてほしい．

　タンパク質の性質・構造はアミノ酸の配列に依存し，そのアミノ酸の配列はDNAの塩基配列によって決められている．すなわち，三つの連続する塩基（トリプレット）の配列（コドン）によりアミノ酸の種類が指定されている（図1.2）．20種のアミノ酸に対し，コドンは$4^3=64$通り存在するので，アミノ酸の多くは複数のコドンによって指定される（同義コドン）．このアミノ酸と塩基セットの対応（図1.2）はほとんどの生物で共通である．遺伝子操作ではDNAの塩基配列を変える，欠落させる，あるいは付加することによりタンパク質の構造あるいは生物の性質（表現型）を変えることを目的とする場合が多い．したがって，実際の遺伝子操作を始めるにあたっては，まず塩基配列およびアミノ酸配列を見ながら実験過程をデザインする必要が生じる．塩基配列は5'側を左に，3'側を右側としてA，G，C，Tの配列を表記し，アミノ酸配列は20種のアミノ酸を配列に従って一文字略号でN–末端側から表記する．アミノ酸には3文字略号もあるが，配列を示す場合にはスペースの制約もありほとんど一文字略号を用いている．

1.3.5　遺伝子からタンパク質合成への過程

　さて，塩基配列の並ぶDNAのどこにタンパク質のアミノ酸配列

の情報があるのか,それがどのようにmRNAに転写され,リボソームで翻訳されるのであろうか.コドン表(図1.2)を見るとメチオニン(M)というアミノ酸の場所に"開始"と書いてあり,右上に3ヵ所"終止"がある.つまりタンパク質のN末端は少なくとも最初はメチオニンで,このC末端側に次々と三つの塩基ごとの枠(フレーム)に対応するアミノ酸が結合し,このフレームに終止コドンが出てきたところでタンパク質合成は止まるというシステムとなっている.ただし,メチオニンはN末端だけに使われるアミノ酸ではないのでメチオニンのコード(ATG)があってもそこが開始点とは限らない.またmRNAの先頭(5'末端)はいきなりメチオニンのコード(AUG)で始まるのではなく,リボソームの認

		2番目の塩基							
		T		C		A		G	
1番目の塩基	T	TTT TTC TTA TTG	Phe/F Leu/L	TCT TCC TCA TCG	Ser/S	TAT TAC TAA TAG	Tyr/Y (終止) (終止)	TGT TGC TGA TGG	Cys/C (終止) Trp/W
	C	CTT CTC CTA CTG	Leu/L	CCT CCC CCA CCG	Pro/P	CAT CAC CAA CAG	His/H Gln/Q	CGT CGC CGA CGG	Arg/R
	A	ATT ATC ATA ATG	Ile/I (開始)Met/M	ACT ACC ACA ACG	Thr/T	AAT AAC AAA AAG	Asn/N Lys/K	AGT AGC AGA AGG	Ser/S Arg/R
	G	GTT GTC GTA GTG	Val/V	GCT GCC GCA GCG	Ala/A	GAT GAC GAA GAG	Asp/D Glu/E	GGT GGC GGA GGG	Gly/G

Ala/A	アラニン		Leu/L	ロイシン
Arg/R	アルギニン		Lys/K	リシン
Asn/N	アスパラギン		Met/M	メチオニン
Asp/D	アスパラギン酸		Phe/F	フェニルアラニン
Cys/C	システイン		Pro/P	プロリン
Gln/Q	グルタミン		Ser/S	セリン
Glu/E	グルタミン酸		Thr/T	スレオニン
Gly/G	グリシン		Trp/W	トリプトファン
His/H	ヒスチジン		Tyr/Y	チロシン
Ile/I	イソロイシン		Val/V	バリン

図1.2 トリプレットの$4^3=64$通りの塩基配列とアミノ酸の対応関係(コドン表)

識配列（SD配列など）を含む非コード領域（non-coding region）が翻訳開始点の上流に存在する．塩基配列には3通りのフレームが設定可能であるが，どのフレームが使われているかは開始コドンがどの枠にあるかによって決まる．また，DNAの塩基配列上で開始コドン，終止コドンのセットは数多く存在しうる．このような，タンパク質をコードしていると推定される部分をOpen reading frame（ORF）と呼ぶ．実際にタンパク質が単離精製されアミノ酸配列が判明しORFが確定しているものも少なくないが，実際に転写，翻訳されているかどうか解っていないORFも多い．

　図1.3にDNAの塩基配列情報が転写・翻訳を経てタンパク質生成に至る過程を模式的に示した．DNAのアミノ酸配列情報は上述のとおりmRNAにコピー（転写）されるが，転写は5'側からRNAポリメラーゼにより行われる．RNAポリメラーゼはDNAの2本鎖の片方（鋳型鎖：[−]鎖）を鋳型として，対応するリボヌクレオ

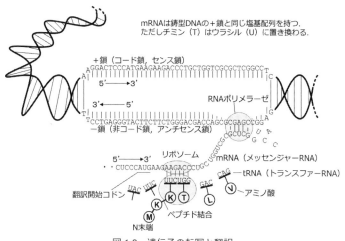

図1.3　遺伝子の転写と翻訳

チドを 5'側から 3'側に結合して行くが,転写産物は［−］鎖と相補的であるので,その塩基配列は（T が U に置き換わってはいるが）もう片方の非鋳型鎖（［＋］鎖）に実質的に等しいことになる.したがって,［＋］鎖をコード鎖（coding strand）またはセンス鎖（sense strand）ともいう.なお DNA の長い 2 本鎖の中でどちらがコード鎖になっているかは転写単位ごとにまちまちである.

DNA の転写開始点上流の領域にはプロモーターと呼ばれる転写の調節領域があり,この部分に転写を促進または抑制する調節タンパク質が結合する.遺伝子導入の場合,このプロモーターにどのようなもの(塩基配列)を用いるかにより転写量を調整できるので,遺伝子操作においてプロモーター領域は重要である.

大腸菌などの細菌では DNA のタンパク質コード部分の塩基配列はアミノ酸配列にほぼ対応しているが,動物,植物のような真核生物では 1 本のポリペプチドの遺伝子でもアミノ酸配列をコードしているエクソンという部分の間にイントロンというアミノ酸をコードしていない部分が存在することが多い.イントロンは本来それを持つ生物では転写後に mRNA 前駆体からすぐに切り出され（プロセシングを受け）アミノ酸コード部分が連続した成熟 mRNA となってリボソーム上で翻訳される.しかし,大腸菌などに真核生物の遺伝子を導入した場合にはプロセシングを受けないので注意しなければならない.このような場合,本来の生物から成熟 mRNA が得られれば,それをウイルスなどの逆転写酵素（RNA を鋳型として DNA 合成を行う酵素）を使って同じ情報を持つ DNA（cDNA）を合成して遺伝子導入することがよく行われている.

1.3.6 遺伝子,タンパク質の名前

生物には多種多様なタンパク質が存在し,それに対応して数多く

の遺伝子が存在する．タンパク質は機能が知られているものはそれに応じて命名されている．このようなタンパク質の情報をコードする遺伝子の名称はタンパク質名に基づいてつけられる場合が多いが，なるべく4文字程度に収まるように略号が使われる．例えば大腸菌の乳糖（lactose）の分解酵素（ブドウ糖とガラクトースに分解）はβ-ガラクトシダーゼと呼ばれるが，このタンパク質をコードする遺伝子は *lacZ* と呼ばれる．*Z* は他に乳糖の代謝に関わるタンパク質の遺伝子（*lacA*, *lacY*）が隣接して存在するため，これらと区別するための記号である．タンパク質には複数のサブユニット（ポリペプチド）から構成されるものも多く，通常これらの遺伝子は最初の3文字（上記の例では *lac* の部分）は共通となっている．なお，こうした遺伝子命名規則は細菌の遺伝子に関しては一般的であるが，動物や植物を対象とした研究では必ずしも統一されていないので注意が必要である．

　細菌などでは一連の代謝系を作るいくつかの酵素の遺伝子が隣接して存在し，一本のmRNAに転写され翻訳される場合がよく見られる．このような一連の遺伝子群をオペロンと呼ぶが，一つのオペロン内の各遺伝子の名称も，やはり初めの3文字を共通にしている場合が多い．例えば細菌の亜硝酸還元酵素（Nitrite reductase）とそれに関係する酵素・タンパク質の遺伝子群は "*nir*" というオペロンとしてまとまっていて，それぞれのタンパク質は *nirS* とか *nirM* というような *nir* のついた遺伝子名がつけられている．なお，ここで挙げた例でも示されているように，遺伝子名はイタリック体で表記する．さらに言えば，これらの遺伝子にコードされているタンパク質を，綴りはそのままで字体を正体，かつ最初の一字を大文字で表記することがある．例えばβ-ガラクトシダーゼ（遺伝子名は *lacZ*）をLacZと表記する場合がある．

1.3.7 使用器具,無菌操作

 遺伝子操作では特定の生物の遺伝子を扱うため,それ以外の微生物などの混入は避けねばならない.また,微生物細胞の混入は無くても核酸の分解酵素の混入がしばしばあるのでこれにも注意せねばならない.このような汚染(コンタミネーション)を避けるために,用いる器具はあらかじめ無菌状態とし,必要に応じて酵素類を変性させておく必要がある.

 遺伝子操作は1 mL以下の溶液内で行うことが多く,これを入れる少容量のフタ付プラスチック容器は遠心チューブも兼ねたディスポーザブルなマイクロチューブである.このタイプのチューブはエッペンドルフ社の製品が特に有名だったため,俗に"エッペンチューブ"あるいは単に"エッペン"と呼んで多用されている.また,ピペットもプッシュボタン式のマイクロピペット(ギルソン社の製品が有名だったため,その商品名である"ピペットマン"という呼び方がしばしばされる)を主に用い,先に付けて液が入る部分をピペットチップあるいは単に"チップ"と呼んで多用する.このチップは,コンタミネーションを避けるため,基本的に1回限りの使い捨てである.プラスチック器具を多用するのはDNAやRNAがガラスに吸着するという理由もある.なお,これらのチューブやチップは電子線やガンマ線であらかじめRNA分解酵素(RNase)などの不活性化処理や無菌処理を施したうえで市販され用いられている.

 既滅菌のディスポーザブル器具はややコストがかかるため,材質にもよるが自分で器具を滅菌する場合も多い.その場合はオートクレーブ(高温加圧滅菌器)を使って120℃で20分以上処理する.さらに必要に応じてDEPC(diethylpyrocarbonate)などでRNA分

解酵素の不活性化処理も行う.

微生物の培養などで用いる試薬には，120℃の高温では分解や望ましくない化学反応を起こしてしまうものがある．このような試薬の溶液はフィルターろ過により滅菌する．すなわち市販のポアサイズ 0.22 µm の滅菌済みフィルターカートリッジを通すことにより除菌する．

このように，遺伝子操作では汚染のない試料や器具を用いる作業が多いが，このような作業は汚染・コンタミネーションを避けるため，できるだけ清浄な環境で行う．ドラフトに似た構造の"クリーンベンチ"を利用すると，試料等には除菌フィルターを通した空気のみが当たるようになっており，微生物培養のためのプレート作成や播種・植継ぎなどの作業をこの中で行えばコンタミネーションの確率を下げることができる．クリーンベンチが使えない場合は，風のない空間（部屋）に設置したガスバーナーの炎のそばで作業する．これは，炎の作る上昇気流を利用して空気中の雑菌や汚染物を上方へ排除するためで，やはりコンタミネーションの可能性を下げることができる．それでも初心のうちは呼気によって汚染物が入ったり，器具の口を何かに触れさせて汚染させるなど不注意による失敗が多いので，十分に練習をしておくことが望ましい．

1.3.8 電気泳動法の概要

遺伝子操作ではしばしば DNA やタンパク質を分離・検出する必要が生じる．このために頻用されるのが電気泳動法である．DNA はリン酸基を持つため中性付近では負電荷を持ち，タンパク質にはあらかじめ陰イオン性の界面活性剤（Sodium DodecylSulfate：SDS など）や色素（Coomasie Brilliant Blue：CBB など）を結合させて負電荷を持たせることができる．このような負電荷を持つ分子に電

場をかければ陽極へ向かって移動することになるが，この移動（泳動）を適当な大きさの網目からなるゲルの中で行わせることにより，各分子がゲルに対する移動抵抗の差で分離されるのが電気泳動の原理である．ゲルの素材としては長めのDNAの場合は網目が大きいアガロース（寒天）を用い，タンパク質や短いDNAの場合は網目（ポアサイズ）の小さいポリアクリルアミドを用いる．

アガロースゲルの場合はゲル内の電気抵抗が低いため，ゲルを泳動バッファーに浸して外部に電流が流れる状態でもゲル内に十分な電場が形成され，DNAは（リン酸基の分布が均一で電荷密度も均一なため）長さに対応してゲルの抵抗を受けて分離する．すなわち適当な標準サンプルを用いればDNAのおおよその長さを電気泳動により知ることができる．遺伝子操作においては，特にプラスミド作成の過程などで頻繁にチェックを行ったり，混合物の中から目的のDNAをゲルから切り出して用いるなど電気泳動をよく用いるので，ゲルのサイズと電圧を一定にした簡易泳動装置（"Mupid"の商品名で販売されているものが有名）がよく用いられる．

タンパク質の場合はポアサイズの小さいポリアクリルアミドを用いるが，この場合ゲル自体の電気抵抗も大きくなるため，電流（イオン）がゲル外を流れないようにする必要がある．そのため，ゲルをガラス板の間に挟み，両端がそれぞれ陽極液，陰極液に接するようにして陰極側から試料を泳動する．タンパク質の場合は電荷密度も形態も必ずしも均一ではないが，やはりおおまかには分子量に対応して分離される．

電気泳動で分離されたDNAやタンパク質は，事前に色素を結合させておいた場合を除き，検出のために特異的に結合する色素を用いる．DNAの検出には2重らせん構造の塩基対の間にはまり込む芳香族系の色素が用いられるが，よく用いられる臭化エチジウム

(Ethidium bromide）は発癌性があるので，直接皮膚に触れないようにビニールやゴム製の手袋を装着して操作を行う．

　タンパク質の場合は上記 CBB のほかに銀染色も鋭敏な検出法として用いられるが，いずれも染色強度はタンパク質の種類によって異なるため定量性はよくない．

第2章

ゲノム DNA の抽出・精製

2.1 細胞の破砕

　一つの生き物を形付け，その形質を子孫に伝えていくために必要な遺伝子の数はどれくらいだろうか．代表的な細菌である大腸菌では，ゲノム DNA は約 400 万の塩基対からできており，そこに約 4,000 個の遺伝子が暗号化されている．その DNA の長さは約 1.5 mm で，大腸菌の大きさがおおよそ 1〜2 μm であることを考えると，体長の 1,000 倍ほどの長さを持つということになる．遺伝子情報の解読や操作には，この長大な DNA 分子を途中で切断することなく細胞から取り出す必要がある．

　図 2.1 にその抽出工程の例を示す．抽出の初めの段階ではマイルドに細胞を破壊することがまず必要である．タンパク質の精製を行うときなどは，ブレンダーや超音波破砕で細胞を破壊することが一般的であるが，そのような方法ではゲノム DNA の物理的な切断が起こってしまう．切断が起こると，DNA は長い暗号テープでもあるので，その箇所で情報が途切れてしまうことになる．そのようなことがないように，DNA 精製のための細胞破壊には，酵素や界面活性剤を使った温和な方法が適用される．大腸菌をはじめとするグラム陰性の細菌の場合，細胞の一番外側はあまり厚くないペプチドグリカンの層から成る細胞壁によって囲まれており，これはリゾ

培養液（大腸菌なら600 nmでの濁度＝2程度）800 μLを容量1.5 mLのポリプロピレンチューブに入れる.

10,000 × g, 1分, 4℃ 遠心分離

上清を捨て，沈殿（菌体）を160 μLの滅菌蒸留水に懸濁する.

チューブのフタを閉じて液体窒素に漬け，菌液を凍結させる.

チューブを液体窒素から取り出し，室温で放置して菌液を溶解させる.

この操作を2回繰り返す.

- 1 mg/mLのプロテイナーゼK溶液を40 μL加える.
- TTNEバッファー（溶解液）を200 μL加える.

60℃で20分間保温する.（細菌の破砕）

TTNEバッファー	組成
Tris	40 mmol/L
Tween20	1%
Nonidet P-40	0.2%
EDTA	0.2 mmol/L
	(pH8.0)

水飽和フェノールを400 μL加える.

約30秒，チューブを上下繰り返しひっくり返すなどして，水溶液相とフェノール相を穏やかに混和する.

15,000 × g, 2分, 4℃ 遠心分離

水溶液相（上層）を取り出し，新しいポリプロピレンチューブへ移す.
（このとき，水溶液相とフェノール相の中間にできる細菌残渣を巻き込まないように注意する.

クロロホルム：イソアミルアルコール（24:1）を400 μL加える.

約30秒，チューブを上下繰り返しひっくり返すなどして，水溶液相と穏やかに混和する.

15,000 × g, 2分, 4℃ 遠心分離

水溶液相（上層）を取り出し，新しいポリプロピレンチューブへ移す.

エタノールを800 μL加える.

水溶液相とエタノールを混和することにより，DNAが白い不定形の凝集物として析出する.

新しいポリプロピレンチューブに70%エタノールを800 μL入れておき，そこへ上記DNA凝集物を移す.
（DNA凝集物を細いガラス管または微量ピペットの先端でつまみ上げて移すとよい）

チューブを上下に繰り返しひっくり返すなどして，DNA凝集物を"洗う".

TEバッファー	組成
Tris・HCl	10 mmol/L
EDTA	1 mmol/L
	(pH 8.0)

15,000 × g, 2分, 4℃ 遠心分離

上清を捨て，沈殿を自然乾燥させる.（エタノール臭が消えれば充分.目安として10分程度）

沈殿をTEバッファー100 μLに懸濁する.

図2.1　ゲノムDNAの抽出・精製手順の例

チームという酵素によって分解することができる．細胞懸濁液を低温で凍結させ，水→氷の体積増加によって細胞壁を弱める方法（凍結融解法）も有効である．

2.2 DNAの単離

細胞の中にはDNAだけでなく，さまざまなタンパク質や有機物が含まれているので，細胞壁・細胞膜の破壊によって，これらがすべて放出された後，どのようにしてDNAだけを回収するかが単離のステップでは重要となる．DNAは核酸という名の示す通りリン酸基を持つ酸であり，水溶液中で荷電していることを利用した単離法が一般的である．図2.1に例示した方法でもこのことを利用しているので，以下にその手順と原理を，注意点を交えて解説する．

細胞破砕液をまず等量のフェノールと混和することにより親水性のDNAは水相に留まるが，疎水性の残基を多く含むタンパク質は変性して排除される．この操作はフェノール抽出と呼ばれ，混和物を遠心分離にかければ，下層のフェノールと上層の水溶液の中間に，凝集したタンパク質の層ができる．このタンパク質の層を拾わぬよう水溶液層だけを取り出し，クロロホルム（界面を明瞭にするため通常イソアミルアルコールを少量含む）を等量加え，同様に抽出操作を行う．これにより，DNAを含む水溶液層に微量持ち込まれたフェノールを疎水性の高いクロロホルム層へ吸収する．多くの場合，抽出したDNAは制限酵素による切断やDNAポリメラーゼによる増幅（PCR）など酵素タンパク質を用いた処理がなされるが，フェノールの持ち込みはこれらの酵素を変性し失活させてしまう恐れがあるので，この段階でしっかり除去しておきたい．なお，この段階ではDNAを含む水溶液層にはイオン性の低分子夾雑物が

まだ多量に含まれているので，次のステップではこれらを排除する．クロロホルム抽出後の水溶液層を新しいチューブへ移し，2〜3倍量のエタノールを加えて穏やかに撹拌するとDNAが凝集し，見た目に白いふわふわした綿状の塊を形成する．エタノールは極性が高いため水とよく混ざるが，イオンとしての性質を持つDNAとは親和性が低いのでこれを排除することを利用している．この操作はエタノール沈殿法と言い，遺伝子を日常的に扱う研究室ではしばしば省略して「エタ沈」などと呼ぶ．ちなみに他の低分子夾雑物は沈殿を作るほどには凝集しないので排除することができる．ただし，短いDNA断片をこの方法で析出させる場合はエタノール以外に3 mol/Lの酢酸ナトリウム（pH 5.2）をDNA溶液の1/10量加えてDNAの排除効果を高める必要がある．凝集したDNAの塊は遠心分離にかけ文字通り沈殿させて回収してもよいが，筆者らはあらかじめ1 mLの70%エタノール（w/w）溶液を新しいチューブに用意しておき，凝集したDNAの塊を速やかに移すようにしている．このときDNAの塊の一端をピペットチップで軽く吸い込んで全体を持ち上げるようにして移すとよい．こうして遠心分離の操作を避けることで余計な夾雑物が共沈してこない利点がある．70%エタノール溶液に移した後ふたをして，チューブを数十回上下をひっくり返しDNAの塊をよく"洗う"．それからチューブを微量遠心機で12,000〜15,000 rpmで2分ほど遠心し，今度はDNAを沈殿させる．これで上清をアスピレータ等で十分に除去すれば，ゲノムDNAが抽出できたことになるが，次の実験操作に使うときに便利なように，DNAを蒸留水かバッファー（100〜200 μL程度）に溶かしておくのが普通である．通常はTE（pH 8）バッファー（図2.1）が使われる．このとき，沈殿にエタノールが残っていると溶けにくく，かといって完全に乾燥させてしまうとさらに溶けにくくなってしまう

ので注意しなければならない.チューブのふたを開けたまま自然乾燥し,匂いを嗅いでエタノール臭を感じなくなった程度,時間にしておおよそ10分くらいが目安であろうか,"適当に"乾燥したところで溶かすのが望ましい.

2.3 DNAの精製(RNAの除去)

上述の操作により得られたゲノムDNA溶液は,PCRなどの実験にそのまま使用することもできるが,実際には同じ核酸の仲間であるRNAがかなり混入している.次の実験操作がどの程度の精製度を要求するかにもよるが,ここではRNA除去の手順も紹介しておきたい.

2.2節で抽出したDNAの溶液に,RNA鎖を特異的に認識してモノヌクレオチドにまで分解する酵素であるRNaseAを終濃度100 µg/mLとなるように加え,室温で30分ほど放置する.これでRNAはほぼ分解されるので,もう一度フェノール抽出→クロロホルム抽出→エタノール沈殿→70%エタノールによる洗浄→TEバッファーへの懸濁を繰り返せばDNAのみ得ることができる.例えば大腸菌の場合,分裂静止期に達した培養液1 mLから50 µg前後のゲノムDNAが精製できるはずである.

上記の操作で使用するRNaseAは10 mg/mLほどの水溶液としてあらかじめストックしておき,必要量を加えるようにするとよい.なお,このRNaseAストック溶液は調製後すぐに100℃で10分程度熱処理をしておくこと.これは混入している微量のDNase(DNA分解酵素)などを失活させるための処理であるが,RNaseA自体は高次構造の回復能が高い酵素で,この熱処理では失活しない.

図2.1では大腸菌や筆者らが普段研究に利用している紅色光合成

細菌(プロテオバクテリア)からDNAを精製する際の標準的な方法を紹介している．細菌の種によっては細胞壁が丈夫で，ここで紹介した界面活性剤処理程度では壊れないことがある．細胞が十分破壊されていなければDNAの収率は大きく下がり，エタノール沈殿の段階で満足に凝集せず見失ってしまう可能性がある．細胞が十分破壊されていてDNAが水溶液層へ移っていれば，フェノール処理後の回収で，ドロドロした粘度の高い状態が確認できるはずである．この回収液がサラサラして糸も引かない状態だとすれば細胞の破壊が不十分であることが疑われる．そのような場合は細胞懸濁液の凍結・融解を繰り返したり，リゾチーム処理を加えるなどすると改善されることがある．界面活性剤の濃度を倍にする，あるいは短時間熱処理してみるのもよいかもしれない．ともかくDNAの精製で最も重要なステップはこの細胞の破壊であり，いったんDNAを細胞の外へ取り出すことさえできれば，後は生物の種類に関係なく，同様な操作で精製できるはずである．

2.4 キットの利用

最近では簡便で収率も高いDNA精製キットが各社(タカラバイオ，プロメガ，シグマーアルドリッチなど)から販売されている．50から100回分で価格が2万円前後と手頃でもあり，これらを利用するのもよいかもしれない．むしろ，遺伝子を扱っている研究室の多くでは，こうしたキットを使用するのが主流であろう．実際，筆者のいる研究室でも学生はほとんどキットを利用している．これらのキットでは溶出したDNAを，正電荷を持つ担体に吸着させて精製する仕組みになっており，フェノールもエタノールも使わないので実に手軽なうえ安全である．たまに筆者が本章で述べた方法で

DNA を精製していると「何であんな面倒くさい…」とか「古くさいなあ…」と言いたげな視線を感じることがある．しかし，一度はその古くさくて面倒な方法を体験してみて欲しいと思う．ここにはDNA を扱ううえでの基本操作がいくつも含まれているうえ，DNAがどういう物質であるかが実感しやすいと思うからである．キットを使用した学生が，「うまく DNA が取れませんでした」と相談してくることがしばしばある．原因は，説明書に書かれた方法では細胞が破砕できていないことがほとんどである．これも，細胞から溢れ出したゲノム DNA のドロドロした手応えを経験していれば，すぐに気づくことができるのではないかと思う．

第3章

プラスミドの性質と抽出法

3.1 プラスミドとは

　ゲノム DNA は，生物にとって生存・増殖に必要な遺伝子をすべて含む必須 DNA 分子であるが，細菌ではこのゲノム DNA とは別に，プラスミド（Plasmid）と呼ばれる環状の DNA 分子を持っている場合がある．大きさは 1,000 塩基対（1,000 base または 1 kb と表記）ほどの小さなものから 1,000,000 塩基対（1,000 kb＝1 Mb）を超えるものまでさまざまである．ゲノム DNA が細胞の分裂に伴って複製するのに対し，プラスミドは独自の複製機構により，ゲノムとは別にコピー数を増やす DNA 分子である．ただしその複製機構は巧みで，無限に複製することは無く，細胞あたり2～3コピーから数百コピーまでプラスミドの種類によってほぼ一定のコピー数を維持するようになっている．これらプラスミドの本来の役割は，その DNA 上にコードされたさまざまな酵素遺伝子による有益な形質の獲得にあると思われるが，遺伝子操作においては研究対象遺伝子の保持・増幅や標的細胞への遺伝子導入に欠かすことのできない「道具」として使われる．このように，遺伝子操作の「道具」として利用するプラスミドは，しばしばプラスミドベクターあるいは単にベクター（Vector）と呼ばれる．ベクターとして利用される DNA 分子には他にウイルスやファージの DNA もあるが（ウ

イルスベクター，ファージベクター），本書では割愛する．

3.2 プラスミドベクター

プラスミドベクターはその使用目的に合わせて非常に多くのものが開発されており，販売もされている．例えば，特定の遺伝子を増幅・加工するためにはサイズが小さく細胞あたりのコピー数の多いものが有用である．このタイプのプラスミドベクターはクローニングベクターとも呼ばれ，pUC という表記で始まる名前（例：pUC 118）が付けられた一連のプラスミドが代表的である．これらのプラスミドは主に大腸菌を宿主として増幅する．プラスミドは複製の際，宿主の機能を一部利用することが多いため，増幅できる宿主が決まっている．しかし中には増幅機能を複数持っていたり，複製機能をほぼ自前で持っていて，宿主を選ばないものも存在する．このような，大腸菌はもちろん，変異を導入しようとする他の細菌でも増幅でき，異種間で遺伝子のやり取りができるようなプラスミドをシャトルベクターと呼び，遺伝子操作では重要である．特に，大腸菌から接合伝達という方法で他の細菌へ移動できるシャトルベクターは非常に有用である．本書では，第 13 章で pJRD 215 という接合伝達可能なシャトルベクターを例として取り上げる．また，大腸菌から接合伝達で他の菌へ移動できるにもかかわらず，移動先の菌体内では増幅できないプラスミドベクターも，遺伝子操作のうえでは大変有効である．このタイプのプラスミドは移動先の菌体内で消滅してしまうことから自殺プラスミドまたは自殺ベクター（Suicide vector）と呼ばれ，本書では pJP 5603 というプラスミドを例にあげて紹介する．他に，クローニングベクターから派生した発現ベクターと呼ばれるプラスミドベクターもあり，これは外来遺伝子

を大腸菌内で強制的に発現させ，酵素タンパク質を大量に生産させることを目的に開発されたプラスミドである．

3.3 プラスミドの形態

　プラスミドDNAの利用の仕方は後の章で適宜解説することとして，本章では大腸菌細胞からの精製法を紹介する．プラスミドもゲノムもどちらも物質としてはDNAなので，精製過程には共通する部分もあるが，プラスミドDNAを選択的に精製するに際しては両者の形状の違いを利用する必要があるので，まずそのことを説明しておきたい．プラスミドは先にも述べたように環状であるが，単純なリング状の形態で細胞内に存在するのではない．輪ゴムを机の上に置いて手のひらでグリグリと転がしてやると，ねじれて線状に固まる．さらに転がし続ければ，ねじれはさらに2重3重になり，ついには球状の塊になる．同じようなことがプラスミドにも起こっていて，これは細胞内に含まれるトポイソメラーゼという酵素の働きによっている．環状DNAがねじれによってコンパクトな塊になっている構造を超らせん構造と言い，そのような状態のDNAをcccDNAと呼ぶ（cccはcovalently closed circularの略）（図3.1）．ちなみにゲノムDNAも同様にねじれているはずであるが，ゲノムDNAは非常に長いので，精製の過程でたいていどこかしらに切れ目（ニックと呼ばれる，2重らせんの片鎖の切断）が入ってしまうので，ねじれは解消し，長く伸びた状態になる．こうした形態の違いをうまく利用してプラスミドの精製法がいくつも考案されてきた．その手順の代表的な例を図3.2に示す．

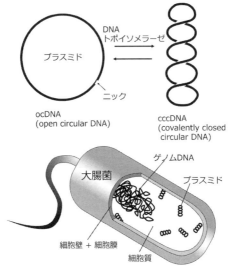

図 3.1 プラスミドの形態

3.4 プラスミドの抽出・精製

　プラスミドは通常，大腸菌を使って増幅し精製する．ここで示す例はアルカリ-SDS 法と呼ばれ，1 mL 前後の大腸菌培養液から，一般的なクローニング用（多コピー）プラスミドベクターを精製する手順である．この方法ではプラスミドを菌体外へ取り出すために強アルカリと SDS（Sodium dodecylsulfate；溶液 II）によって細胞壁・細胞膜の破壊（溶菌）とタンパク質の変性を同時に行っている．この溶液環境では DNA も変性（2 本鎖 DNA の水素結合部分が解離して 1 本鎖 DNA になること）してしまうが，プラスミドは cccDNA の状態で密に固まっているため，直ちには変性しない．し

一晩培養した大腸菌培養液1 mLを容量1.5 mLのポリプロピレンチューブに入れる.

⤵ 10,000 × g, 1分, 4℃ 遠心分離

上清を捨てる.(アスピレーション等で,できるだけ上清を除去する)

100 μLの溶液Iで十分に懸濁する.
├ 200 μLの溶液IIを加える.
チューブを4-5回上下にひっくり返してよく混合する.
├ 150 μLの溶液IIIを加える.
チューブを4-5回上下ひっくり返してよく混合する.

氷上で3-5分間冷却する.

⤵ 15,000 × g, 5分, 4℃ 遠心分離

上清を取り出し,新しいポリプロピレンチューブへ移す.
├ フェノール:クロロホルム(1:1)を400 μL加える.
約30秒,チューブを上下繰り返し振るなどして水溶液相と十分に混和する.

⤵ 15,000 × g, 2分, 4℃ 遠心分離

水溶液相(上層)を取り出し,新しいポリプロピレンチューブへ移す.
├ エタノールを800 μL加える.
水溶液相とエタノールをよく混合し,室温または氷上で5分置く.

⤵ 15,000 × g, 5分, 4℃ 遠心分離

上清を捨て,70%エタノールを800 μL加え,沈殿およびチューブ内壁を"洗う".

⤵ 15,000 × g, 2分, 4℃ 遠心分離

上清を捨て,沈殿を自然乾燥させる.(エタノール臭が消えれば充分.目安として10分程度.)

沈殿をTEバッファー20 μLに懸濁し,さらにRNaseA溶液(0.5 mg/mL)を2 μL加え,よく混合する.

```
溶液I 組成
 Tris-HCl (pH8.0) 25 mmol/L
 EDTA (pH8.0)    10 mmol/L
 Glucose         50 mmol/L
(以上をオートクレーブで滅菌する)
```

```
溶液II 組成
 水酸化ナトリウム  0.2 N
 SDS              1%
```

```
溶液III 組成
 酢酸カリウム  3 mol/L
 氷酢酸        2 mol/L
```

```
TEバッファー 組成
 Tris・HCl  10 mmol/L
 EDTA       1 mmol/L
 (pH 8.0)
```

図3.2 プラスミドの抽出・精製手順の例

かしアルカリとSDSで長く処理していれば,いずれは変性してしまうので,溶菌後ただちに溶液IIIで中和する.このとき,高い塩強度により細胞の断片やSDSが,長いゲノムDNAと絡み合いなが

ら白っぽく析出してくる.3〜5分氷上に置いた後,遠心分離を行って透明な上澄みを新しいチューブに移す.後はゲノムDNAの精製時と同様に,フェノール抽出とエタノール沈殿を行う.ただし,フェノール抽出はフェノール：クロロホルム＝1：1の混合液を用いることで,手順が若干簡略化されている.70%エタノールで洗浄後のDNA沈殿は,20 μL程度のTEバッファーに懸濁する.ただし,この沈殿はプラスミドDNAだけでなく,多量のRNAも含んでいるので,熱処理したRNase A（0.5 mg/mL）を,懸濁液の1/10量加えてこれを分解する.ここまでの精製処理で,後の章で述べる制限酵素による配列特異的切断や電気泳動など,さまざまな用途に使用可能であるが,塩基配列の決定など,RNAを除去する必要があるときは,20% ポリエチレングリコール（PEG 6000）と2.5 mol/L NaClを含む溶液をプラスミド懸濁液100 μLあたり60 μL加え,氷上に1時間以上おいた後,遠心分離によってプラスミドのみを沈殿させる.上清を十分に除去した後,さらに70%エタノールでよく洗浄しPEGとNaClをできる限り除く.最終的に沈殿をTEバッファーまたは滅菌蒸留水に懸濁する.以上の手順で大腸菌培養液1 mLあたり通常5 μg程度のプラスミドDNAが得られる.ちなみにDNAの定量は,分光光度計を用いて行うのが一般的である.これはヌクレオチドの環構造が紫外光領域に光吸収帯を持つことを利用する定量法で,260 nmにおける吸光度（光路長は1 cm）が1のとき,50 μg/mLのDNAが含まれるものとして計算する.

　上述の精製法は1.5mL容のディスポーザブルチューブ（通称エッペンドルフチューブ）の使用を前提とした「ミニプレップ」と呼ばれる小スケールでの手順であるが,より大量のプラスミドDNAが必要であれば,使用する溶液類をそのまま等倍してスケールアップ

すればよい．また，多くのメーカーからプラスミド精製キットが販売されているので，これらを利用するのもよいかもしれない．キットの場合，フェノールやエタノールを使用せず，プラスミドDNAをカラムに装着された膜や樹脂に吸着させて精製するタイプが多い．ミニプレップ250回分で2〜3万円程度で，RNAも除去できるうえ安全でもあるので，プラスミドの特性や扱いを理解していれば，こうした精製キットの使用をお勧めする．

第4章

大腸菌

4.1 生きた試験管:大腸菌

　大腸菌はその名が示す通り腸内細菌の一種であり,おそらく誰もがその名を聞いたことがある一番有名な細菌であろう.学名は *Escherichia coli*(略式表記で *E. coli*:イーコリと読むことが多い)である.分子生物学の黎明期から主要なモデル生物として用いられ続け,ほとんどのベクターDNAは大腸菌を宿主として使うことを前提に開発されている.大腸菌自体の遺伝子とその制御様式が詳しく研究されているのはもちろんのこと,遺伝子操作のツールとして,ベクターDNAの開発にあわせて非常に多くの種類の株が創り出されてきた.ここで言う「株」というのは,本来であれば同じDNA組成(遺伝子)を共有する「大腸菌という種」の中で,ごく一部の遺伝子,例えばDNA修復に機能する遺伝子の一部を欠くなど,わずかに形質が異なるクローン集団のことを意味する.形質の違いが明白かつ数が多いと,違う種として扱われることになる(ただし,何個以上の形質が異なると別種になるといった客観的基準は存在しない).

　例えば,前章で例示した一般的なクローニングベクター(pUC系プラスミドなど)の宿主として,筆者らは大腸菌のJM 109株をよく使用している.この株はpUC系プラスミド上にクローン化さ

れた外来 DNA の有無が容易に判定できるなど便利な形質を持つ株で（株）タカラバイオや（株）ニッポンジーンなど国内各社から購入可能である．同様に使用できる株として，DH 5α 株や XL 1–Blue 株などもよく知られている．発現ベクターの宿主としては BL 21 株がよく使われる．pJRD 215 など，接合伝達によって大腸菌から他の菌種へ導入するシャトルベクターの宿主としては S 17–1 株が用いられ，pJP 5603 など自殺プラスミドの接合伝達の宿主としては S 17–1λpir 株が用いられる．自殺プラスミドの保持のみを目的とする場合は JM 109λpir 株を使用する．これらの株は販売されていないので（遺伝子操作のキット類に同梱されていることはある），必要な場合は使用している研究室から分与してもらうか，国立遺伝学研究所（NBRP）など公的機関に問い合わせのうえ入手する必要がある．大腸菌の株は他にもたくさんあるが，本書で扱うのは以上の株にとどめる．それぞれの株の特徴は後の章でもう少し詳しく触れることになるが，ここでは目的によってベクターと大腸菌の株を使い分ける必要があることをまず知っておいてほしい．

4.2 大腸菌の培養

　大腸菌の培養には LB 培地（Luria-Bertani medium）がよく使われる（図 4.1）．ミニプレップによるプラスミドの抽出用に，直径 12〜18 mm，長さ 120〜160 mm ほどのガラス試験管へ，この LB 培地を 1〜3 mL ずつ分注しておくとよい．試験管には通気性のある少し緩めのアルミキャップをかぶせ，オートクレーブ（高温加圧滅菌器）を使って 120℃ で 20 分以上滅菌する．プラスミドには通常，アンピシリンやカナマイシンなど抗生物質に対する耐性を宿主に与える薬剤耐性遺伝子（耐性の有無によってプラスミドの保持・

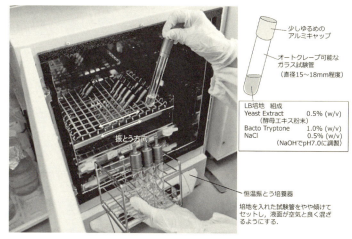

図 4.1 大腸菌の培養（振とう培養）の様子

非保持を選別できるのでマーカー遺伝子とも呼ぶ）が含まれているので，滅菌後，必要に応じて抗生物質を加える．使用する抗生物質は，終濃度（たいていは培地中に 50 µg/mL 程度）の 100 倍または 1,000 倍濃度の溶液を作り，フィルター滅菌してストックしておくと便利である．平板（プレート）培地など固形培地を作る際には，大きめの三角フラスコに入れた LB 培地に 1.5%（w/v）となるよう寒天沫（agar）を加え，電子レンジ等を利用して溶解させた後，オートクレーブによる滅菌を行う．オートクレーブの熱で寒天を溶解させてもよいが，その場合は溶けた寒天が底のほうに淀むので，固まる前に培地をよく振り混ぜ均一にすること．必要に応じて抗生物質を加えて振り混ぜ，シャーレに適当量（直径 90 mm のシャーレならば 20 mL 前後）ずつ分注し，室温に放置して固める．なお，培地に限らず大腸菌が触れるもの，例えばピペットチップなどは，

必ず滅菌したものを使うこと．培地に接種する際もよく手を洗い，クリーンベンチ内で作業するなど，無関係な細菌が混入（コンタミネーション）しないように注意すること．「無菌操作」について本書では詳述しないので，必要に応じて微生物の扱い方が解説されている書籍等を別途参照してほしい．

第5章

制限酵素

5.1 制限酵素とは

　制限酵素はDNA 2本鎖の特定の構造（塩基配列）を認識して切断する酵素で，この酵素が発見されたことによって初めて遺伝子操作が可能になったと言っても過言ではない．これまでにさまざまな生物（主に細菌）から数百種類の制限酵素が発見され，その作用機作によってI型，II型，III型に分類されている．遺伝子操作で用いるのは主にII型の制限酵素で，多くの場合ホモ二量体の構造を持ち，それぞれのサブユニットが，DNA 2本鎖上に対向して隣接する相同な部分構造に結合するため，その認識配列は回文構造（パリンドローム）になる（図5.1）．例えばEcoRIという制限酵素は5'-

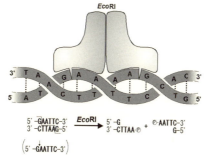

図5.1　制限酵素によるDNAの特異的配列認識と切断のイメージ

GAATTCという配列を特異的に認識して切断する．切断は糖とリン酸の間のホスホジエステル結合を加水分解するかたちで起こり，*Eco*RIの場合，認識配列中のGとAの間のホスホジエステル結合を切断するので，切断後は5'-AATTが突出した末端形状が形成される．

制限酵素の種類によって認識配列は異なっており，6塩基認識のものが多いが，4塩基認識や8塩基認識のものもある．切断箇所もまちまちで，*Eco*RIのような5'末端が突出した末端を形成するものもあれば，3'側が突出した末端を形成するものもある．いずれの場合も切断後の末端どうしは相補的で，弱いながらも対合するので，付着末端または粘着末端（cohesive end）とも呼ぶ．制限酵素の中には認識配列のちょうど真ん中で切断するものがあり，その場合の末端形状は，突出部の無い揃った形状となり，このような末端形状を平滑末端（blunt end）と呼ぶ．制限酵素の名前の最初の3文字は，その制限酵素が発見された生物の学名から属名（1文字）と種名（2文字）をとって付けられており，イタリック体で表記する．*Eco*RIの場合は*Escherichia coli*（大腸菌）に基づいている．

5.2 制限酵素によるDNAの切断とアガロースゲル電気泳動

制限酵素は東洋紡，タカラバイオ，ニュー・イングランド・バイオラボ（NEB）などのバイオ試薬・製品メーカーから購入する．多くの場合，それぞれの制限酵素に適した反応液組成のバッファーが，10倍濃度のストック液として付属する．図5.2に，プラスミドDNAを制限酵素で切断し，アガロースゲル電気泳動で分析することを想定した実験手順を例示した．推奨される反応条件は制限酵素の種類によって異なるが，多くの場合37℃で1時間程度イン

5.2 制限酵素によるDNAの切断とアガロースゲル電気泳動

精製したプラスミドの溶液を適当量（10〜200 ng DNA程度となるよう）取り，容量1.5 mLのポリプロピレン・チューブに入れ，さらに滅菌蒸留水を加えて総量を17 μLとする．

├ 10倍濃度のバッファーストック（制限酵素購入時に付属）を2 μL加える[注]．
├ 制限酵素溶液を1 μL加える．

チューブの底を指先で4-5回軽く弾いて内容物を混合する．
溶液の一部が器壁に着いた場合など，必要に応じて卓上遠心機でスピンダウンする．

37℃で30分から2時間（制限酵素によって条件は多少異なる）インキュベートする．

├ ローディングバッファーを4 μL加える．

よく混合した後，5 μL程度を取ってアガロースゲルにアプライする．

あるいは，インキュベート後，反応液を4 μLほど取り，小さく切ったパラフィルム上に滴下し，そこへ1 μLのローディングバッファーを加えてパラフィルム上で混ぜ合わせたものをアガロースゲルにアプライしてもよい．

注) 制限酵素によってはディタージェントやアルブミン（BSA）も加える場合がある．そのときは，反応液量が最終的に20 μLとなるように滅菌蒸留水の量で調節する．

ローディングバッファー	組成
Tris-HCl (pH7.6)	10 mmol/L
EDTA	30 mmol/L
Glycerol	36%
Bromophenol blue (BPB)	0.05%
(Xylene cyanol FF (XC)	0.03%)
	optional

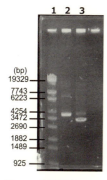

1：DNAサイズマーカー（λ-EcoT14I digest）
2：pUC118プラスミド（無処理）
3：pUC118プラスミド（制限酵素EcoRIで切断処理後）

(bp)
19329
7743
6223
4254
3472
2690
1882
1489
925

図5.2 制限酵素によるプラスミドDNAの切断操作手順と切断後のDNAの電気泳動

キュベートしてやれば十分である．反応後にローディングバッファーを加え，5 µL ほどをアガロースゲルにアプライする．このとき，隣のウエルに DNA サイズマーカーをアプライしておく．アガロースゲル電気泳動には，Mupid の製品名で知られる泳動槽・ゲル作成器一式（㈱アドバンス社）またはこれに類似の後発製品を使用するのが手軽である．アガロースは別途準備することになるが，電気泳動用と銘打ったグレードの高いものを使うのが望ましい．泳動後のゲルは DNA を可視化するための発色剤で処理する．一般的には数 µg/mL のエチジウムブロマイド溶液に 30 分ほど浸し，DNA に十分取り込ませたところで紫外線ランプ（トランスイルミネーター）を照射して可視化するが，エチジウムブロマイドには発癌性があるので，ビニール手袋を装着して操作するなど扱いには十分な注意が必要である．廃液の処理にも専用の吸着剤を使うなど配慮が必要となる．近年ではエチジウムブロマイドの代わりに SYBR Green やアクリジンオレンジなどを利用した，比較的害の少ない DNA 発色液が販売されているので，多少コストがかかってもこれらを利用することをお勧めしたい．

5.3 プラスミドの構造とマルチクローニングサイト

図 5.2 の写真は pUC 118 プラスミドを制限酵素 *Eco*RI で切断し，1% のアガロースゲルで電気泳動した後，SYBR Safe で染色した例を示している．DNA サイズマーカーとして，λ ファージの DNA を制限酵素 *Eco*T 14 I で切断した既製品を並べて泳動している．pUC 118 プラスミドは 3,162 塩基から成る環状 DNA であるが，*Eco*RI の認識配列を 1 ヵ所持つので，切断によって直鎖状の DNA 分子となり，塩基長は 3,162 bp のまま泳動バンドを 1 本だけ形成する

（ただし図5.2の例では未切断＝切れ残りのプラスミドが若干量，直上に薄いバンドとして表れている）．隣のレーンに制限酵素処理をせずにアプライしたpUC 118プラスミドを泳動しているが，こちらは*Eco*RI切断したものと見掛けの塩基長が異なる位置にバンドを形成している．これは未処理のpUC 118プラスミドが，すでに述べたようにcccDNAのコンパクトな状態（だだし多量体になっている場合がある．写真の例では二量体）になっているためである．ここでpUC 118を例にとり，クローニングベクターとしてのプラスミドの構造について少し説明したいと思う．

図5.3にpUC 118プラスミドの模式的な構造を示した．*ori*はプ

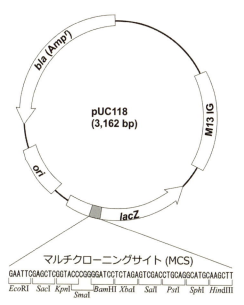

図5.3　pUC118プラスミドの遺伝子地図

ラスミドが複製する際の開始点を含む領域で，コピー数の調節や不和合性に関与する．*bla* (Amp^r) は抗生物質のアンピシリンに対する耐性を宿主に与える遺伝子で，M13G はプラスミド DNA を M13 ファージの被殻に取り込み，1本鎖 DNA として回収する際に必要となる配列 (intergenic region：IG) を含む領域である．注目したいのは *lacZ* 遺伝子（厳密には *lacZ* 遺伝子の一部分：*lacZα*）と，その中にあるマルチクローニングサイトである．図中にマルチクローニングサイトの塩基配列を取り出して示しているが，ここには *Eco*RI を始め，遺伝子操作で利用頻度が比較的高い制限酵素の認識配列が 10 個並んでいる．この 10 個の認識配列はプラスミドの他の領域には含まれず，これらの制限酵素を使用した場合はマルチクローニングサイトでのみ切断が起こる．遺伝子クローニングでは，このマルチクローニングサイトへ，目的遺伝子を含む DNA 断片を挿入することで増幅を行う．このとき，挿入する DNA 断片とプラスミドがそれぞれ同じ制限酵素で切断されていれば，両 DNA 断片の末端形状は相補的に付着する（ただし *Sma*I による切断の場合は平滑末端同士の対合）ので，DNA リガーゼによって 5'-リン酸基と 3'-OH 基との間をリン酸ジエステル結合させれば，両者を効率よく繋ぐことができる．一方で，外来 DNA 断片の挿入によりプラスミド上の *lacZ* 遺伝子は破壊されることになり，その遺伝子産物である β ガラクシトダーゼの活性も失われる．宿主となる大腸菌の株にもよるが，この遺伝子失活を指標として外来遺伝子挿入の成否を見分けることができる（8.2 節「ブルー／ホワイトセレクション」を参照のこと）．

第6章

DNAデータベースの活用

6.1 DNA塩基配列情報検索

　遺伝子操作を行ううえで，目的とする遺伝子DNAの塩基配列情報は欠かせない．そのため，一昔前までは，対象となる生物からゲノムDNAを抽出してDNAライブラリー（長いDNAを制限酵素等で数kb～数十kb単位で断片化し，すべての断片をそれぞれプラスミドに組み込んだシリーズ）を作成し，標識したDNA断片（プローブと呼ぶ）や抗体を使って目的遺伝子を含むDNA断片を選択（スクリーニング）するという，いわゆる「遺伝子クローニング」の操作を経て塩基配列情報を得ることが必要であった．この操作は今でも，研究対象の生物種によっては必要とされるが，近年はDNAの塩基配列決定技術が飛躍的に向上したことにより，ヒトも含めたさまざまな生物のゲノムDNA情報が公開されているので，これを利用して必要な塩基配列情報を取り出すのが一般的である．細菌ならば1,000種以上のゲノムDNA情報が利用可能である．データはインターネット上に公開されたサーバから入手できる．代表的なデータベースは米国のNCBI（National Center for Biotechnology Information: http://www.ncbi.nlm.nih.gov/）が提供しており，文献検索のPubMedですでに馴染みがあるかもしれない．国内だとDDBJ（DNA Data Bank of Japan: http://www.ddbj.nig.ac.jp/）が運用して

いるサービスがよく利用されている．これらのデータベースでは全ゲノム解析による遺伝子情報はもちろんのこと，従来からの遺伝子クローニングを経て登録された配列情報も提供されている．また，データベース間で情報が共有されているので，検索法など使い勝手が多少異なっていても得られるデータの数と種類に違いはない．

　DDBJを例にとれば，ホームページ（URLは上記）に検索・解析のメニューがあるのでクリックしてページを移動し，検索法を選択する．例えばキーワード検索を選択すると入力画面が開くので，ここに生物の属名や種名，あるいは遺伝子名や酵素名など，目的とする遺伝子情報に関連するキーワードを入力して［Search］ボタンを押す．NCBIならばページの左上の選択メニューで［Gene］または［Genome］を選び，右隣のコマンドボックスにキーワードを入力して［Search］ボタンを押す（図6.1）．すると入力したキーワードを含む遺伝子情報が一覧で表示されるので，中から目的のものを探せばよい．遺伝子情報は固有の英記号＋番号をファイル名とするテキストデータである．内容としては，そのDNA断片が由来する生物の分類名や登録者名などとともにDNAの塩基配列が含まれており，さらにそのDNA断片のどの部分にどういう遺伝子がコードされているかが説明されている．その遺伝子がタンパク質をコードする遺伝子であれば，アミノ酸配列情報も含まれる．ファイルはhtmlファイルとして保存するか，必要部分をコピーしてテキストファイルとして保存する．

6.2　遺伝子地図の作成

　遺伝子情報を入手したら，実験操作に移る前に，まず遺伝子地図を作成して構造をしっかり把握しておくことが大切である．図6.2

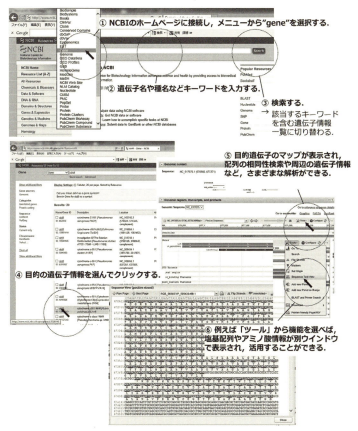

図 6.1 NCBI 遺伝子情報データベースへのアクセス例

は nirM という名前の小さな c 型チトクロムをコードする遺伝子の欠損変異株を作成することを念頭に置いた遺伝子地図作成の例である．目的遺伝子（この場合は nirM 遺伝子）の転写方向が右向きになるように配置し，その前後 1 kb ほどの DNA 領域も含めて作図す

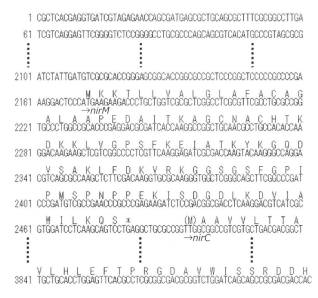

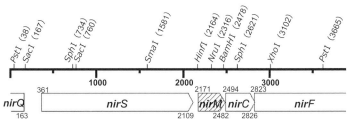

図 6.2 DNA 塩基配列情報と遺伝子地図

る．その前後領域に別の遺伝子がコードされていれば，それらも図中に示す．さらに，地図に表している DNA 領域の塩基配列を遺伝子情報ファイルから抜き出して，制限酵素による認識配列を探し出し，その位置を図中に描き入れる．AGCT の 4 文字からなる文字情

報である塩基配列から，おおよそ6文字である制限酵素認識配列を探し出す作業は，テキストエディタやワープロソフトの文字列検索を利用して行うことができるが，普通はDNA塩基配列解析ソフトウエアを利用して行う．代表的なソフトウエアとしてDNASIS Pro（日立ソリューションズ社）とGENETYX（ゼネティックス社）が挙げられる．インターネット上には同様の機能を持つシェアウエアやフリーソフトが見つかることがあるので探してみるのもよいかもしれない．図6.2のように，DNAの制限酵素認識部位を表した図は制限酵素地図とも呼ばれ，遺伝子の切り貼りをする際には欠かせない情報である．図上の制限酵素認識部位は，クローニングベクターのマルチクローニングサイトを認識・切断する制限酵素のものはもちろんのこと，クローニングベクターを切断しない制限酵素の認識部位も含めて検索しておくと有用な情報となる．

6.3 クローニング

　遺伝子を加工するためには，まず対象となる遺伝子を含むDNA領域を適切な範囲で取り出してベクタープラスミドに組み込み，増幅する必要がある．例として，図6.2の遺伝子地図に表したDNA断片，あるいは次項で解説するPCRによって増幅されたDNA断片から，例示の *nirM* 遺伝子を含むDNA断片を切り出してpUC 118 プラスミドへ組み込む方法を考えてみたい．組み込みに際してどのような制限酵素を使うかが問題であるが，1種類だけ使うとすれば，例えば *Pst*I を使って約3.6 kbのDNA断片を切り出し，同じく *Pst*I で切断したpUC 118のマルチクローニングサイトにつなげるという手順が考えられる．制限酵素を2種類使うとすれば，*Sma*I と *Pst*I を使って約2.1 kbの断片として切り出し，プラスミ

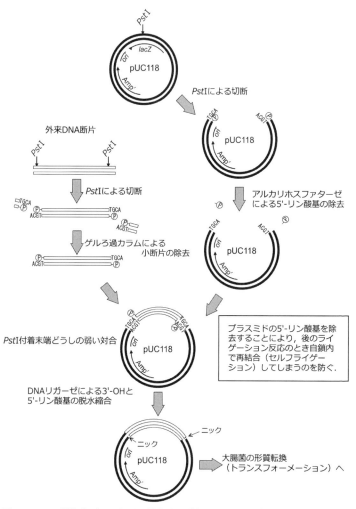

図 6.3　DNA 断片をプラスミドへ挿入する手順のイメージ（制限酵素を 1 種類使う場合）

ども同様に*Sma*Iと*Pst*Iで切断して両者をつなげるという手順が考えられよう．それぞれの方法による操作手順を図6.3，6.4および6.5に示したが，前者の*Pst*Iのみによる切断→結合の場合，切断したプラスミドの末端同士が対合し，DNA断片の挿入無しに再度繋がってしまう可能性が非常に高い．これを防ぐため，プラスミ

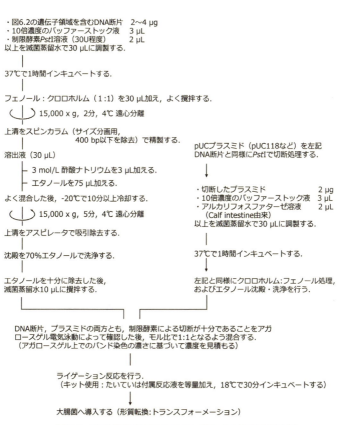

図6.4　DNA断片をプラスミドへ挿入する操作手順の例

50　第6章　DNAデータベースの活用

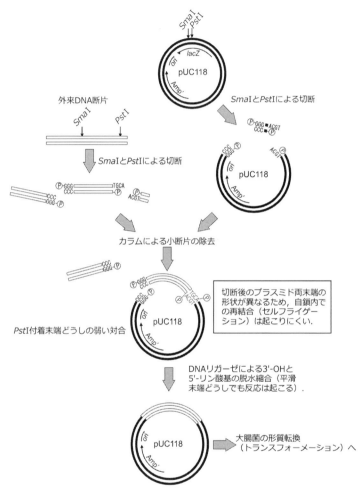

図6.5　DNA断片をプラスミドへ挿入する手順のイメージ（制限酵素を2種類使う場合）

ド側だけ，制限酵素による切断後，アルカリホスファターゼにより5'-末端のリン酸基を取り除く処理を行う．これによりプラスミドの末端同士がリン酸エステル結合するのを防ぎ，リン酸基を持つ外来DNAの末端とのみ，DNAリガーゼによって結合させる．このとき，厳密には2本鎖のうち片鎖は，プラスミド側の5'-リン酸基欠落のため切れ目（ニック）が残るが，大腸菌内に導入するとDNAポリメラーゼの働きで修復されるので問題は無い．一方，2種類の制限酵素を使ってDNA断片をクローン化する場合は，付着し合える末端が限定されるので，切断後はすぐDNAリガーゼによる結合処理に移ることになる．手順が少ない分，確実なクローン化が期待できる．ただし，マルチクローニングサイトで直接隣り合っている二つの制限酵素切断部位を同時に切断することはできない点には注意したい．これは，制限酵素が働く際に，認識部位の前後に数残基の余剰が必要だからである．

第7章

PCR による DNA 断片の増幅

7.1 PCR の原理

　PCR とは Polymerase Chain Reaction（ポリメラーゼ連鎖反応）の頭文字をとって省略した呼び方であるが，この省略した呼び方がほぼ定着している．塩基配列さえわかっていれば，大腸菌やプラスミド無しに，たいていの DNA 領域を増幅することができる非常に便利で優れた方法である．増幅したい DNA 領域の 5'-末端側の塩基配列と同じ配列を持つ 20 塩基長程度の短い 1 本鎖 DNA（フォワード・プライマー）と，3'-末端側の配列と相補的な短い 1 本鎖 DNA（リバース・プライマー）を用いて，DNA ポリメラーゼによる相補鎖 DNA の伸長反応を繰り返すことにより DNA を増幅する（図 7.1）．反応は，まず鋳型となる DNA 2 本鎖を高温（95℃くらい）により 1 本鎖に変性させ，徐々に温度を下げる過程で短い 1 本鎖 DNA（プライマー DNA）と相補的に対合（アニーリング）させる．次いで温度を 70℃前後まで上げ，2 本鎖となった短い領域を起点として DNA ポリメラーゼによる DNA 伸長反応を行う（DNA ポリメラーゼは，反応の開始に DNA 2 本鎖部分への結合を必要とする）．この「変性 → アニーリング → 伸長反応」のサイクルを 25～30 回前後繰り返すことで，標的 DNA 断片は理論上倍々に増えてゆく．

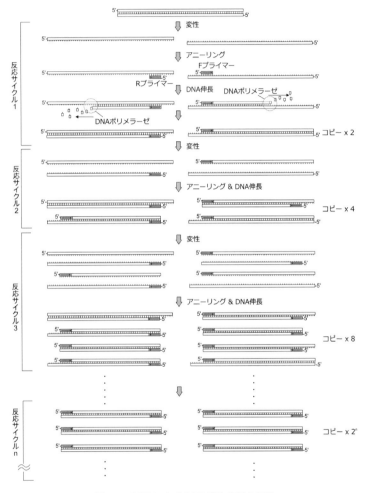

図 7.1　PCR による DNA 断片増幅の原理

7.2 PCRで使用するDNAポリメラーゼとプライマーについて

　PCRの技法が可能となったのは，熱水環境に生息する細菌が生産する，高熱でも失活しないDNAポリメラーゼのおかげである．当初このDNAポリメラーゼは生産菌である好熱性細菌 *Thermus aquaticus* から頭文字をとってTaqポリメラーゼと呼ばれて使われてきたが，近年では熱に対する耐性がより高い酵素が別の好熱性細菌から見出され，また酵素の構造を変えて反応の正確性を向上させるなど，呼び名の異なる改良版が次々と開発されている．筆者らは，従来のTaqポリメラーゼを使用したPCR実験で，300～500塩基に一つぐらいの割合で誤った塩基が挿入されるのを経験したが，例えばKOD DNAポリメラーゼ（東洋紡）など，近年提供されるようになった酵素を使用することで，エラーの頻度が顕著に低下した．PCRに使用するDNAポリメラーゼはタカラバイオ，東洋紡，ニッポン・ジーン，ロシュなど国内外のバイオ製品メーカーならたいていは扱っている．各社独自の改良を施しているので，実際にいくつか試してみて，エラーの少ないものを見つけるとよい．プライマーとして用いる短い1本鎖DNA（オリゴヌクレオチド）は，シグマーアルドリッチ，フナコシ，グライナージャパンなどの受託合成サービスを通じて購入する．指定の塩基配列をFaxまたはWeb経由で発注し，早ければ翌日，通常は2～3日で配送される．かつては高価であったが，最近では1塩基あたりの価格が50～100円程度と手軽になっている．

7.3 プライマー設計

　本項では PCR の実例を紹介したいと思う．ゲノム解析等により塩基配列がわかっている遺伝子を，実際にその生物のゲノム DNA から PCR によって増幅し，プラスミドベクターへクローニングするという，遺伝子操作を行ううえでしばしば想定される状況を，前章で遺伝子地図の説明に使用した *nirM* という酵素遺伝子を例に再現してみたい．まずは塩基配列と，その中での対象遺伝子の位置をよく把握し，先々の操作内容をよく考えながらプライマーをデザインしなければならない．最終的に作成したいのが遺伝子の欠損変異株であると仮定すると，標的遺伝子の前後に相同組換え（後述）用の「のりしろ」として 500 塩基長以上の領域がほしいところである．そこで，必要な二つのプライマーのうち一つは，標的遺伝子の開始コドンから 5'-末端側（上流側）に 500 塩基ほど遡った位置にある 20 塩基長の配列をそのまま使ったデザインとし（フォワード・プライマー），もう一つは，標的遺伝子の終止コドンから 3'-側（下流側）に 500 塩基ほど下った位置にある，同じく 20 塩基長の配列に・相・補・的・な配列を持ったデザインとする（リバース・プライマー）．図 7.2 に筆者らが実際にこの *nirM* 遺伝子を増幅するのに使ったプライマーの塩基配列とその位置を示しているが，このとき，G+C 含量（塩基数に占める G および C 塩基の割合）が二つのプライマーでほぼ同じとなるようにすることと，プライマー間で配列が相補的にならないように（プライマーダイマーの形成防止のため．特に 3'-末端側）注意することが大切である．二つのプライマーの G+C 含量を揃えるのは，この値がプライマーと鋳型 DNA の間の対合の強さに関係してくるからである．相補的な二つの塩基間の対合は，G–C 間では水素結合が三つあるのに対し A–T 間では

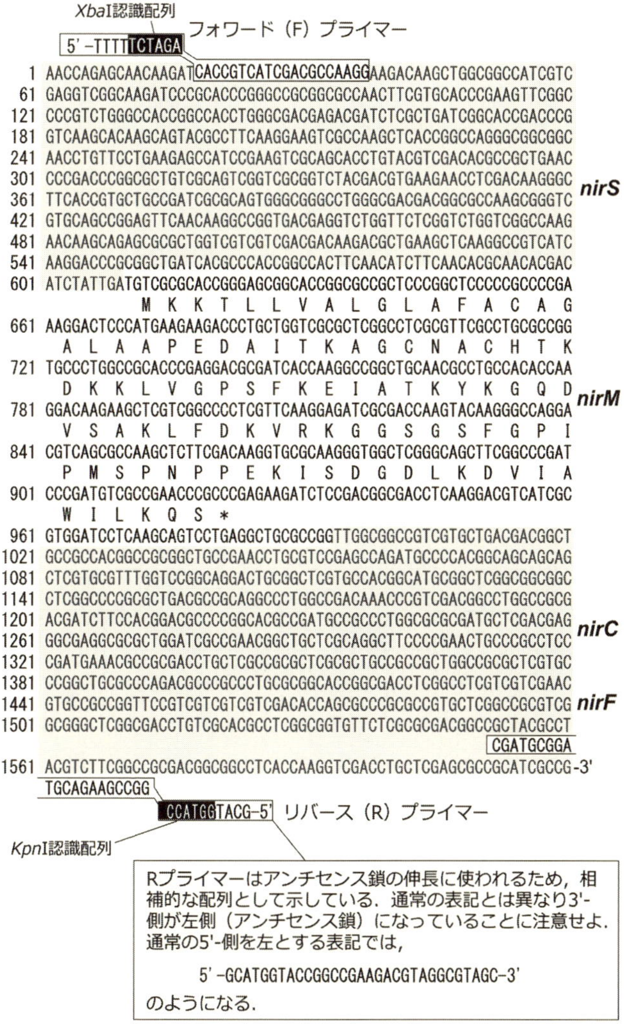

7.3 プライマー設計　57

XbaI認識配列
フォワード (F) プライマー
5'-TTTTTCTAGA　CACCGTCATCGACGCCAAGG

```
   1 AACCAGAGCAACAAGATCACCGTCATCGACGCCAAGGAAGACAAGCTGGCGGCCATCGTC
  61 GAGGTCGGCAAGATCCCGCACCCGGGCCGCGGCGCCAACTTCGTGCACCCGAAGTTCGGC
 121 CCCGTCTGGGCCACCGGCCACCTGGGCGACGAGACGATCTCGCTGATCGGCACCGACCCG
 181 GTCAAGCACAAGCAGTACGCCTTCAAGGAAGTCGCCAAGCTCACCGGCCAGGGCGGCGGC
 241 AACCTGTTCCTGAAGAGCCATCCGAAGTCGCAGCACCTGTACGTCGACGCCGCGCTGAAC
 301 CCCGACCCGGCGCTGTCGCAGTCGGTCGCGGTCTACGACGTGAAGAACCTCGACAAGGGC
 361 TTCACCGTGCTGCCGATCGCGCAGTGGGCGGGCTGGGCGACGACGGCGCCAAGCGGGTC       nirS
 421 GTGCAGCCGGAGTTCAACAAGGCCGGTGACGAGGTCTGGTTCTCGGTCTGGTCGGCCAAG
 481 AACAAGCAGAGCGCGCTGGTCGTCGTCGACGACAAGCAGCGCTGAAGCTCAAGGCCGTCATC
 541 AAGGACCGCGCGGCTGATCACGCCCACCGGCCACTTCAACATCTTCAACACGCAACACGAC
 601 ATCTATTGATGTCGGCGCACCGGGAGCGGCACCGGCGCGCTCCCGGCTCCCCGGCCCCGA
                 M  K  K  T  L  L  V  A  L  G  L  A  F  A  C  A  G
 661 AAGGACTCCCATGAAGAAGACCCTGCTGGTCGCGCTCGGCCTGGCCTTCGCCTGCGCCGG
       A  L  A  A  P  E  D  A  I  T  K  A  G  C  N  A  C  H  T  K
 721 TGCCCTGGCCGCACCCGAGGACGCGATCACCAAGGCCGGCTGCAACGCCTGCCACACCAA
       D  K  K  L  V  G  P  S  F  K  E  I  A  T  K  Y  K  G  Q  D       nirM
 781 GGACAAGAAGCTCGTCGGCCCCTCGTTCAAGGAGATCGCGACCAAGTACAAGGGCCAGGA
       V  S  A  K  L  F  D  K  V  R  K  G  G  S  G  S  F  G  P  I
 841 CGTCAGCGCCAAGCTCTTCGACAAGGTGCGCAAGGGTGGCTCGGGCAGCTTCGGCCCGAT
       P  M  S  P  N  P  P  E  K  I  S  D  G  D  L  K  D  V  I  A
 901 CCCGATGTCGCCGAACCCGCCCGAGAAGATCTCCGACGGCGACCTCAAGGACGTCATCGC
       W  I  L  K  Q  S  *
 961 GTGGATCCTCAAGCAGTCCTGAGGCTGCGCCGGTTGGCGGCCGTCGTGCTGACGACGGCT
1021 GCCGCCACGGCCGCGGCTGCCGAACCTGCGTCCGAGCCAGATGCCCCACGGCAGCAGCAG
1081 CTCGTGCGTTTGGTCCGGCAGGACTGCGGCTCGTGCCACGGCATGCGGCTCGGCGGCGGC
1141 CTCGGCCCCGGCGCTGACGCCGCAGGCCCTGGCCGACAAACCCGTCGACGGCCTGGCCGCA
1201 ACGATCTTCCACGGACGCCCCGGCACGCCGATGCGCCCTGGCGCGCGGATGCTCGACGAG       nirC
1261 GGCGAGGCGCGCTGGATCGCCGAACGGCTGCTCGCAGGCTTCCCCGAACTGCCCGCCTCC
1321 CGATGAAACGCCGCGACCTGCTCGCCGCGCTCGCGCTGCCGCCGCTGGCCGCGCTCGTGC
1381 CCGGCTGCGCCCAGACGCCCGCCTGCGCGGCACCGGCGACCTCGGCCTCGTCGTCGAAC
1441 GTGCCGCCGGTTCCGTCGTCGTCGACACCAGCGCCCGCGCCGTGCTCGGCCGCGTCG       nirF
1501 GCGGGCTCGGCGACCTGTCGCACGCCTCGGCGGTGTTCTCGCGCGACGGCCGCTACGCCT
                                                     CGATGCGGA
1561 ACGTCTTCGGCCGCGACGGCGGCCTCACCAAGGTCGACCTGCTCGAGCGCCGCATCGCCG-3'
     TGCAGAAGCCGG
```
CCATGGTACG-5'　リバース (R) プライマー
KpnI認識配列

Rプライマーはアンチセンス鎖の伸長に使われるため，相補的な配列として示している．通常の表記とは異なり3'-側が左側（アンチセンス鎖）になっていることに注意せよ．通常の5'-側を左とする表記では，

　　5'-GCATGGTACCGGCCGAAGACGTAGGCGTAGC-3'

のようになる．

図 7.2　PCR プライマーのデザイン例

二つであるため，G+C含量が高い配列ではそのぶん2本鎖部分の対合が熱に対して安定したものとなる．この対合の熱安定性を表す指標がTm値で，定義としては水溶液中の2本鎖DNA全量の半分が1本鎖DNAに変性する温度を示す（添え字のmはmelting：融解を表す）．Tm値は計算によって予想でき，G+C含量以外にも配列の長さや塩基の並び方にも影響を受ける．この値を過度に意識する向きもあるが，5℃程度の違いであれば気にする必要はない．よく使われる簡易的な（20塩基長程度までのものに適用）計算式としてTm(℃)＝2×(AとTの数の和)＋4×(CとGの数の和)−5が挙げられる．Tm(℃)＝60＋0.41(％[G+C])−500/nとする計算法もある．ちなみに図中のプライマーのTm値を前者の式で計算すると，フォワード・プライマーが61℃，リバース・プライマーが65℃となる．

　プラスミドへのクローニングを目的としたPCRプライマーのデザインでは，DNAを増幅した後，どのような手順でプラスミドへつなげるのか，さらにはその後どんな操作を行うのかまで想定しておかねばならない．DNAの合成（伸長反応）は5'-側から3'-側へと進むので，PCRプライマーの3'-側は鋳型DNAとぴったり対合していなければならないが，5'-側にそうした制約はないので，20塩基長前後の対合部分さえ確保されていれば，自由な塩基配列を付加しても反応に支障は無い．この付加部分もPCRの過程でDNA断片の一部として増幅されるので，例えば鋳型DNAには元々無い制限酵素の認識配列などを増幅DNA産物の末端部分に追加することが可能である．図7.2に挙げた実例では，フォワード・プライマーの5'-側に制限酵素 *Xba*I の認識配列を，リバース・プライマーには *Kpn*I の認識配列を付加している．それぞれの制限酵素認識配列の5'-側にさらに4塩基を，制限酵素の安定した結合のため（配列

は適当でよい）に付加しているので，計10塩基を付加しているが，問題なく増幅に使用できる．増幅後のクローニングの際には増幅DNA断片を *Xba*I と *Kpn*I で切断し，プラスミドも同じくマルチクローニングサイトにある *Xba*I と *Kpn*I で切断しておけば，両者は高確率で対合するので，確実なクローニングが期待できる．その実験操作手順については前章6.3節を参照して欲しい．PCRプライマーにこのような付加配列を付けなくともプラスミドへの効率的なクローニングは可能である．例えばTaqポリメラーゼを使用する場合は増幅DNA産物の3'-末端に必ずA（アデニン）が1塩基だけ突出して付加するので，ベクター側はあらかじめT（チミン）が5'-側に突出して切断されているものを用いれば，効率よくつなげることができる．このようなベクターを含む実験セットがTAクローニングキットと銘打って販売されている．DNAポリメラーゼによっては，3'-末端にAを突出させず，平滑末端を形成するものがある．このような場合はベクター側を *Sma*I のような，やはり平滑末端を生成する制限酵素で切断し，さらにアルカリホスファターゼで脱リン酸化してから結合反応（ライゲーション）を行う．

7.4 反応条件

さて，よいプライマーがデザインできたと思っても，実際にPCRを行うと，DNA断片がまったく増えない，あるいは予想されるDNA断片とは違った長さの断片（特に，予想より短い断片）が増えてしまう，といった場面にしばしば遭遇する．反応液調製時に何かを加え忘れたというような単純ミス（意外と多い）でないとすれば，反応サイクルのアニーリングの温度を変えてみると状況が改善することがある．DNAの増幅が見られない，あるいは少ないと

きは，プライマーが鋳型へ十分に対合していないと考えられるので，アニーリングの温度を下げてみるとよい．短い断片がいくつも増幅してくるようなときは，アニーリングの温度が低すぎて非特異的な対合が起きやすくなっていると考えられるので，温度を上げてみるとよいかもしれない．他にも対策はいろいろある．例えば，鋳型DNAの量についても十分検討すべきで，多すぎると非特異的な対合が増え，反応がうまくいかないことが多い．細菌のゲノムDNAの場合，反応液中に1 ng/μL程度で使用すれば十分である．変性温度も重要な要素である．筆者らの経験では，鋳型にG+C含量の高い（70％前後）ゲノムDNAを使用した場合，変性温度を98℃へ上げることで劇的にDNAの収率が上がった．おそらく同じ理由で，酵素を加える前の反応液（鋳型DNAを含む）を沸騰水浴で2分処理し，氷水で急冷してから酵素を入れることでも同様の効果が期待できる．デオキシリボヌクレオチド混合液（dNTP）の濃度もまた，反応の成否に大きく関わる．多くの場合，酵素を購入するとdNTPストック液が付属してくるので，これをメーカーの推奨する量（たいていは終濃度1 mmol/L程度）入れてやれば問題になることは無いと思うが，自分で用意する場合など，やや低濃度で使用するとよい結果に繋がることがある．鋳型DNAやdNTPの濃度については，扱う生き物が変わったり，酵素の種類を変えたりしたときなど，まずは濃度段階を作成してテスト反応を行い，最適な反応液組成を突き止めておくことをおすすめする．また，PCRの装置や反応チューブなどもメーカーや型番によって思いのほか違いがある．おそらく熱の伝わり方に微妙な違いがあって，温度の上げ下げを繰り返すPCRではその違いも増幅されて最終的な結果に影響を及ぼすためと思われるが，装置にせよチューブにせよ，どれか一つお気に入りのものを決めて，それらを使ってうまくいったときの反

応条件に基づいて最適化を図っていくのが問題解決への近道だと思われる．

　時には，いろいろ反応条件を工夫しても，望む DNA 断片が増幅できなかったり，予期せぬ長さの断片が混ざって増幅されてくることがある．後者の場合は電気泳動したゲルから目的の DNA バンドをカッターの刃などを使って切り出し，そのゲル片から回収すればよい．ゲル片からの DNA 回収キットはさまざまなメーカーから販売されている．これらのキットでは，ゲル片を NaI などの溶液を使って溶解し，DNA を細かいガラスビーズや，シリカ膜を装着したスピンカラムに吸着させ，遠心分離のうえ溶出させる方法がよく適用されている．望む DNA 断片の増幅が見られない場合は，最終的にプライマーのデザインを見直すことになるが，大幅に変更せずとも，対合部位を数塩基ずらすだけでうまくいくようになるケースが多々ある．

第8章

大腸菌の形質転換

8.1 プラスミドの導入

　目的とする DNA 断片をプラスミドに結合させた後，それを大腸菌に取り込ませてプラスミドごと複製させれば遺伝子クローニングも一区切りである．このとき，大腸菌はプラスミドが導入された分，遺伝子組成が変わることになり，さらにはその新たに加わった遺伝子によって抗生物質耐性を獲得するなど形質が変化することになるため，プラスミドの導入をもって大腸菌は形質転換（トランスフォーメーション）されたということになる．本書では大腸菌以外の細菌のゲノム DNA を書き換えるような遺伝子操作についての理解を目指しているが，その前段階である大腸菌へのプラスミドの導入もまた遺伝子操作の重要なステップである．

　大腸菌へのプラスミドの導入には，コンピテントセル法とエレクトロポレーション法の二つがよく用いられる．まずコンピテントセル法であるが，細菌の細胞膜は2価の陽イオンによって透過性が高まる性質があり，この性質が低温でさらに顕著となるのを利用して，外来物質を取り込ませようという方法である．大腸菌を対数増殖期まで培養し，塩化カルシウムを含むバッファーで冷却しながら数回洗い，プラスミドを取り込みやすい状態の細胞（コンピテント・セル）を調製する．この方法は Hanahan 法として広く利用さ

れてきたが，後に井上らが大腸菌の培養を通常の37℃ではなく，比較的低温の18℃で行うことにより，取り込みの効率が安定して高くなることを見いだした[1]．図8.1ではこの井上らの方法によるコンピテントセルの調製法を紹介している．取り込み効率の高いコンピテントセルを作るコツは，何回か続く遠心分離→細胞懸濁

大腸菌を適切な組成（最小培地等）の平板培地上で培養する．

数個のコロニーを白金耳でかきとり，LB培地（液体，3 mL）へ接種する．

37℃で一晩振とう培養（前培養とする）．

前培養から0.5 mLを取り，50 mLのSOB培地またはLB培地（液体，200 mL容の三角フラスコ等に調製）へ接種する．

18℃で12〜18時間振とう培養し，濁度（OD_{660}）が0.8程度に達したら氷上で冷却する．

6000 x g, 10分間, 4℃ 遠心分離

沈殿した細胞を20 mLの形質転換用バッファーに懸濁する．

6000 x g, 10分間, 4℃ 遠心分離

沈殿した細胞を4 mLの形質転換用バッファーに懸濁する．

ジメチルスルホキシド（DMSO）を300 μL加える．

あらかじめ氷上で冷却した1.5 mL容のマイクロチューブに50 μLずつ分注する．

液体窒素にチューブごと漬け，凍結する．

凍結したままディープフリーザー（-80℃）で保存する．

形質転換用バッファー 組成
$MnCl_2 \cdot 4H_2O$　　55 mmol/L
$CaCl_2 \cdot 2H_2O$　　15 mmol/L
KCl　　　　　　250 mmol/L
PIPES　　　　　10 mmol/L
　　　　　　　　（pH6.7）
以上を0.45 mmフィルターで濾過滅菌する．

SOB培地　　組成
酵母エキス（粉末）　0.5 %
トリプトン　　　　　2 %
NaCl　　　　　10 mmol/L
KCl　　　　　2.5 mmol/L
$MgCl_2$　　　　10 mmol/L
　　　　　　　（pH7.0）
$MgCl_2$は2 mol/Lで調製して別に滅菌し，使用直前に1/200量加える．

[形質転換操作]

凍結保存したコンピテントセルを氷上で解凍する．

1〜2 μLのDNA溶液を加えて軽く混ぜ，そのまま氷上で30分間置いておく．
（ライゲーション反応後の溶液をそのまま加えても可）

恒温水槽を用いて42℃で90秒，加温する．（ヒートショック処理）

0.5 mLのSOC培地を加え，37℃で1時間，振とう培養する．

SOC培地　組成
SOB培地に1 mol/Lグルコース（濾過滅菌）を1/50量加え，終濃度20 mmol/Lとする．

適切な抗生物質を含むLB平板培地へ塗り広げる．

37℃で培養し，コロニーの出現を待つ．

図8.1　大腸菌コンピテントセルの調製手順

を極力手早く,低温を維持しながら進めることである.一度作った
コンピテントセルは,ポリプロピレンチューブに小分けにして液体
窒素で凍結し,ディープフリーザー(-80℃)で保存すれば,数
ヵ月は取り込み効率を維持する.使用時は必要数を氷上で溶かして
液体状に戻した後プラスミドを添加する.

　エレクトロポレーション法は,日本語では電気穿孔法と呼び,大
腸菌に高電圧パルスをかけ細胞に穴をあけてプラスミドを送り込む
方法である.コンピテントセル法に比べて取り込み率が高く,サイ
ズの大きなプラスミドでも取り込めるという利点があるが,専用の
装置が必要となる(図8.2).エレクトロポレーション用の大腸菌
懸濁液の作り方はコンピテントセルを作るときと同様,氷温(また

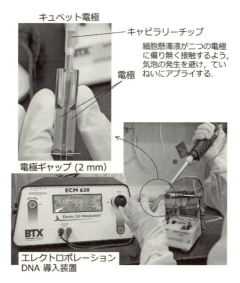

図8.2　エレクトロポレーションによる形質転換実験の様子

は4℃)で遠心分離と細胞懸濁を繰り返すが,懸濁には超純水を使用し,イオンを極力除去する点で異なっている.これは高電圧を効率よく細胞へ作用させるためである.イオン成分が残っていると過電流が生じてキュベット電極が放電(アーキング)し,破裂することもあるので気をつけたい.エレクトロポレーション用の細胞懸濁液も,液体窒素で凍結して−80℃で保存しておくことができる.なお,コンピテントセルもエレクトロポレーション用の細胞懸濁液も,多くの場合自分で調製するが,既製品を購入することも可能である.

8.2 形質転換株の培養

プラスミドの導入操作を終えた大腸菌細胞は,速やかに平板培地(プレート培地)へ移すことになる.平板培地は通常,直径90 mmの滅菌済みプラスチックシャーレに作成する.

具体的にはLB培地に1.5%の粉末寒天を加えてオートクレーブで滅菌(120℃, 20分)し,融けた寒天が一様になるよう軽く振り混ぜてからシャーレに流し込む.振り混ぜる前に,必要に応じて抗生物質を入れておく(たいていは50 µg/mLとなるように加える).各種抗生物質(ナトリウム塩)の100倍または1000倍濃度のストックを作成し,ポアサイズ0.22 µmの滅菌済みフィルターカートリッジで濾過滅菌しておくと便利に使える.大腸菌液の接種は,平板培地の表面に100 µLほどを静かに滴下し,火炎滅菌したガラススプレッダーで表面全体に塗り広げる.このとき,必要に応じて40 µLの25 mg/mL X-Gal(5-Bromo-4-chloro-3-indolyl β-D-galactopyranoside, 水ではなく N,N-dimethylformamideに溶かす)と25 µLの100 mmol/L IPTG(Isopropyl β-D-1-thiogalactopyranoside)

を大腸菌液に加えておいて（理由は後述）一緒に塗り広げる．培地の表面がある程度乾いたらシャーレを天地ひっくり返し，37℃で一晩培養する．

8.3 形質転換マーカーとしての抗生物質耐性

形質転換にベクタープラスミドpUC 118を使用する場合，平板培地には抗生物質としてβ-ラクタム系のアンピシリンをあらかじめ入れておくことになる．アンピシリンは細胞壁の合成を阻害することにより大腸菌の増殖を妨げる物質であるが，pUC 118プラスミドに含まれるアンピシリン耐性遺伝子の発現により分解される．したがって，平板培地上にはpUC 118プラスミドを取り込んだ大腸菌細胞のみが増殖し，コロニーを形成する．一晩培養することでコロニーは視認できるくらい（数ミリ）にまで大きくなるので，白金耳または滅菌した爪楊枝の先で軽くかき取り，あらかじめアンピシリンを加えておいた新しいLB培地へ植菌する．なお，アンピシリン耐性遺伝子の正体はβ-ラクタマーゼという酵素をコードする遺伝子（*bla*遺伝子）であるが，この酵素は細胞外へ分泌されてアンピシリンを分解するので，耐性菌のコロニーの周囲ではアンピシリンの効果が薄れることとなる．したがって，本来なら増殖できないアンピシリン感受性の（プラスミドが入っていない）大腸菌がコロニーを形成できるようになる．このようなコロニーをサテライトコロニーと呼び，平板培地をあまり長く放置しておくと，耐性菌コロニーの周りを取り囲むように発生し，見間違えてしまうので気をつけなければならない．遺伝子操作でよく使われる抗生物質には他にカナマイシン，クラムフェニコール，テトラサイクリンなどがあるが，これらはリボソームに結合してタンパク質の合成を阻害するこ

とにより菌の増殖を妨げる．これらの抗生物質に対する耐性遺伝子の産物は細胞内で働くため，アンピシリン使用時とは異なって，耐性菌のコロニーの周辺にサテライトコロニーは生じない．なお，アンピシリン耐性遺伝子を含め，これら薬剤耐性（抗生物質耐性）遺伝子は，プラスミドの有無（形質転換の成否）の判定指標に利用できることからマーカー遺伝子と呼ばれる．

8.4 ブルー・ホワイトセレクション

pUC プラスミドを含む多くのクローニングベクターには *lacZ* 遺伝子が含まれており，この遺伝子の中にマルチクローニングサイトが設けられている（図5.3参照）．*lacZ* はラクトースを分解する β -ガラクトシダーゼをコードする遺伝子で，この酵素は人工基質である X – Gal（5 – Bromo – 4 – chloro – 3 – indolyl – β –D – galactopyranoside：無色）からガラクトース部分を切断する活性も持つが，このとき X–Gal の残りの部分が不溶性で青色を呈するインディゴ化合物に変化する．つまり，マルチクローニングサイトに DNA 断片が挿入されると *lacZ* 遺伝子は破壊され β –ガラクトシダーゼ活性も失われるので X–Gal は分解されずコロニーも着色しないが，DNA 断片が挿入されていない，すなわち遺伝子クローニングに失敗しているプラスミドを含む大腸菌コロニーは青色を呈することになる．何らかの DNA 断片が挿入されていればコロニーは呈色しない（白色）ので，平板培地を目で見るだけで選択が可能となる．このような選別法をブルー・ホワイトセレクションと呼び，その方法を成り立たせている *lacZ* のような遺伝子をレポーター遺伝子と呼ぶ．なお，X–Gal と一緒に平板培地に加える IPTG は，この *lacZ* 遺伝子の発現を誘導する物質である．

8.4 ブルー・ホワイトセレクション

 ブルー・ホワイトセレクションを成り立たせるには，大腸菌の株にもいくつかの条件が必要である．実はpUCプラスミド上の*lacZ*遺伝子は，本来の*lacZ*遺伝子の一部分を取り出したもの（*lacZ*α）で，残りの本体に当たる部分は大腸菌ゲノムが提供する．この部分は*lacZ*ΔM15と呼ばれ，*lacZ*αと共存（機能相補）することでβ-ガラクトシダーゼ活性を発揮する．大腸菌S17-1株のように，完全長の*lacZ*をゲノムDNA中に含むような場合は*lacZ*αの有無に関係なく常にβ-ガラクトシダーゼ活性を示すので，X-Galを加えるとすべて青色コロニーとなり，ブルー・ホワイトセレクションは成り立たない．このコロニー選択法を成り立たせるにはJM109株のように，*lacZ*ΔM15のみを持つ株を使わなければならない．ただし，この*lacZ*ΔM15は，JM109株の場合，F'と呼ばれるプラスミド上にあるので，このプラスミドを欠落してしまうとブルー・ホワイトセレクションに使えなくなってしまうことには注意したい．JM109株のゲノムDNAは自然環境中での増殖防止のため（後述）プロリン代謝の遺伝子欠落（栄養要求性）があり，それをF'プラスミド上の遺伝子が補っている．最小培地で培養すると，F'プラスミドを保持するものだけが生育できるので，必要に応じて最少培地で培養し，F'プラスミドの脱落を防止しなければならない．

 少し話が細かくなってしまったが，要するにpUC系プラスミドをベクターとして使い，大腸菌JM109株を形質転換する場合，アンピシリンを含む平板培地にX-GalおよびIPTGとともに塗布してやれば，マルチクローニングサイトにDNA断片が挿入されたプラスミドを取り込んだクローンは白いコロニーを形成するということである．ただし，そのDNA断片が目的遺伝子であるかどうかはこの段階では明確ではないし，マルチクローニングサイトでフレームシフト（1〜数塩基の欠落または挿入によりコドンの読み枠がずれ

ること)が起こっただけの場合もやはりコロニーは白色となるので,もう一段階の確認が必要である.すなわち,白いコロニーを最低でも四つは選んで液体の LB 培地でそれぞれ培養し,ミニプレッ

コラム

真核多細胞生物の形質転換

　高等動物や陸上植物などの真核多細胞生物の形質転換は,手法が確立している大腸菌などの微生物にくらべ,かなり手間がかかる作業で,設備的な要求も大きく,さらに望ましい形質転換体を得るには数ヵ月から年単位の時間がかかる.その一方で,新しい遺伝子導入手法の開発も進んできている.本コラムでは,その現状を簡単に紹介したい.

　真核多細胞生物の形質転換体を得るまでには,大きく分けて,培養細胞などの単一細胞に遺伝子を導入するプロセスと,形質転換された単一細胞から形質転換個体を生成するプロセスがある.通常,多細胞真核生物の細胞は,染色体(ゲノム DNA)とは別に独立して自律的に複製を行う低分子のプラスミド DNA を持たない.そのため,大腸菌や酵母などの微生物で用いられるプラスミド DNA ベクターを保持させることによる形質転換は適用できず,安定な形質転換にはゲノム DNA への遺伝子挿入が行われてきた.ゲノム DNA への遺伝子挿入には,ランダムな位置への挿入と相同組換えを利用した決まった位置への挿入がある.ランダムな挿入の場合には,導入遺伝子の発現度合いが形質転換細胞によってまちまちなので,望ましい形質転換細胞の選抜に時間を要する.一方,相同組換えの場合は,その頻度がほとんどの多細胞真核生物の細胞において極めて低いため,やはり目的とする細胞の選抜に多くの労力がかかる.こうした問題を克服するために,ウイルスの感染機構を利用したウイルスベクターや,任意の遺伝子配列を特異的に切断する人工 DNA 切断酵素を用いたゲノム編集技術が開発され,細胞への遺伝子導入や遺伝子破壊の効率は格段に進歩してきている.

　一方で,特に高等動物で問題となるのは,単一細胞から個体再生の過程であ

プ等でプラスミドの抽出を行う．抽出したプラスミドを，それぞれ適切な制限酵素（遺伝子挿入時に使った制限酵素や，目的遺伝子を特異的に切断する制限酵素など，またはそれら二つの組み合わせ）

る．マウスを例にすると，まず分化全能性（いろいろな細胞になれる能力）を有する胚性幹細胞（ES細胞）か，今話題の人工多能性細胞（iPS細胞）に対して相同組換えなどによる遺伝子導入（もしくは遺伝子破壊）を行い，形質転換細胞を得る．それらは受精卵と異なり単独では個体をつくり出すことはできないが，メスの胚盤胞にもどすと，正常な発生過程に取り込まれてキメラマウスの一部となり，生殖細胞を含むすべての細胞に分化する．ちなみにキメラとは，生物学の分野では，異なった遺伝的背景をもった細胞が混在した個体のことである．こうしてできたキメラマウスを交配することによって，ようやく形質転換細胞由来の個体を得ることができる．これに対し，ウイルスベクターを用いて個体に直接遺伝子を導入する手法も行われており，形質転換動物の作製のみならず，ヒトの遺伝子治療への応用が試みられている．

　分化全能性の能力が高いとされる植物の場合も，個体再生のプロセスがネックとなって，実際には安定形質転換できる種は限られている．モデル植物であるシロイヌナズナの場合，花序に遺伝子導入を媒介する組換えアグロバクテリウムを感染させ，種子となる胚に直接遺伝子導入を行うことで個体再生のプロセスをスキップさせることができる．ただし，得られる個体は，相同染色体の片方のランダムな位置に導入遺伝子が挿入されているヘテロ接合体の状態であり，望ましい形質転換体を得るためには選抜と交配を繰り返さなくてはならない．そうした中，高等植物でもゲノム編集技術を使った位置特異的な遺伝子挿入や遺伝子破壊の報告が増えてきており，従来の遺伝子組換えとは異なる新しい育種技術，すなわち，New Plant Breeding Techniques（NPBT）の一つとして注目されている．本コラムで紹介したような，真核多細胞生物の新しい形質転換技術が，我々の生活と広く関わってくる日もそう遠くないかもしれない．

　　　　　　　　　　　　　　　（京都大学大学院生命科学研究科　伊福健太郎）

で切断し,電気泳動で分離し,制限酵素地図と見比べて,期待通りの長さを持つDNA断片が現れているかどうかでクローニングの成否を判定する.さらに,そのDNA断片の塩基配列を決定する実験を加えれば,より確実な判定ができる.

引用文献

[1] Inoue H., Nojima H., Okayama H.: *Gene*, **96** (1), 23-28 (1990)

第9章

遺伝子破壊

9.1 遺伝子破壊の概要

　研究対象とする細菌の遺伝子を破壊する方法はいくつも開発されてきたが，本書では一般的に用いられ，かつ実際に筆者らが行ってきた，抗生物質耐性遺伝子と相同組換えを利用した部位特異的な方法を，実例を挙げながら紹介したい．遺伝子破壊（または遺伝子ノックアウト）のイメージとして挙げられる三つのパターンを，先の例（図6.2）でも挙げた $nirM$ の遺伝子地図を利用して図9.1に示す．遺伝子破壊の方法としては，

1. 標的遺伝子の中途に外来遺伝子を挿入することにより断裂させる
2. 標的遺伝子の一部または全体を外来遺伝子で置き換える
3. 標的遺伝子の一部または全体を欠落させる

という三つが考えられる．これら三つのパターンのいずれでも，対象とする生物のゲノムDNAを直接操作するのではなく，まずは大腸菌を用いてプラスミド上で標的遺伝子のクローニングと加工を行い，図9.1に示したような構造（コンストラクト）を創り上げるところから始まる．そのうえで対象生物へ導入するのである．導入

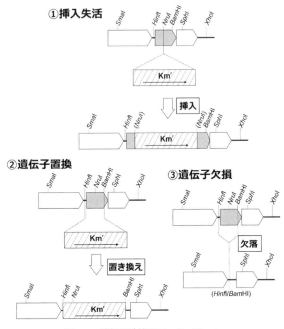

図 9.1 遺伝子破壊の三つのパターン

後,さらに相同組換え(後述)の過程を経て最終的な遺伝子破壊株を得ることになる.本章ではまず,三つの遺伝子破壊パターンの特徴と,プラスミドコンストラクト作成の実際について考えてみたい.

9.2 挿入失活

標的遺伝子へ何らかのDNA断片を挿入して酵素タンパク質の正常な合成を妨げる方法は,操作が比較的容易であり,広く用いられ

ている遺伝子破壊法である．挿入するDNA断片はほとんどの場合，抗生物質耐性酵素遺伝子である．これは，対象とする細菌にプラスミドコンストラクトを導入した後，抗生物質耐性をマーカーとして目的の変異株を容易に選択できるようにするためで，よく使われるのはトランスポゾン（動く遺伝子）由来のカナマイシン耐性遺伝子またはテトラサイクリン耐性遺伝子である．図9.1の例ではカナマイシン耐性遺伝子を含むDNA断片（カナマイシン耐性カートリッジと呼ぶこともある）を，本書で標的遺伝子と仮定する *nirM* 遺伝子の内部にある制限酵素 *Nru*I 切断部位へ挿入している．作成手順としては，図中の *nirM* 遺伝子をクローン化したプラスミド（pUCプラスミドとする）を *Nru*I で切断し，一方でカナマイシン耐性遺伝子を含む断片を適当な制限酵素で切り出すかPCRで増幅しておき，両者を混ぜ合わせ，末端平滑化（ブランティング）処理を施した後，連結（ライゲーション）している．このコンストラクトを大腸菌へ導入し，アンピシリンとカナマイシンの2種類の抗生物質を含むLB平板培地へ塗り広げる．一晩培養して出現したコロニーを拾い上げ，プラスミドを抽出してコンストラクトを確認する．以上の処理手順ではプラスミド切断後，アルカリホスファターゼによる5'-リン酸除去処理を省略しているので，*Nru*I で切断したプラスミドのうちほとんどは自鎖内で連結（セルフライゲーション）してしまうが，そのようなプラスミドを取り込んだ大腸菌はカナマイシン感受性なので除外されてしまい，結果としてカナマイシン耐性遺伝子が挿入されたプラスミドを取り込んだ大腸菌が高頻度でコロニーを形成することになる．以上のように，挿入失活のためのプラスミドコンストラクトの作成は容易で，このコンストラクトを使った変異株作成（後述）も比較的簡単である．ただし，変異株作成後，カナマイシン耐性遺伝子が欠落したり，別の場所へ移動してし

まうことがしばしばあり，そのために標的遺伝子が元の状態に戻ってしまうことがある．このような場合を含め，変異体が元の形質に戻ってしまったものをおしなべてリバータント（復帰突然変異体）と呼ぶ．

9.3 遺伝子置換

　遺伝子の置換による破壊法は，挿入失活法を一歩進めた方法で，制限酵素で標的遺伝子の一部または全体を除去し，代わりに抗生物質耐性遺伝子などを挿入して遺伝子破壊を行う方法である．比較的簡単で，リバータントも生じにくい．DNAコンストラクトの作成手順は前節の挿入失活法の例で挙げた手順とほぼ同じであるが，標的遺伝子を2ヵ所以上で切断する点で異なる．図の例では理解しやすいように*Hinf*Iと*Bam*HIの二つの制限酵素によって切断する様子を示している．ただし，例えばクローニングベクターとしてpUC 118を用いてこれらの制限酵素を適用したと仮定すると，このコンストラクトの作成はうまくいかない．なぜなら，このプラスミドには*Hinf*Iの認識配列が8ヵ所も含まれており，この酵素を使用するとベクター自体がバラバラになってしまうからである．*Bam*HIの適用についても考察してみると，pUC 118にはその認識部位がマルチクローニングサイトに1ヵ所含まれているが，標的遺伝子*nirM*のクローニング時に*Xba*Iと*Kpn*Iによって切断・開環したことにより，その間に位置する*Bam*HI認識部位は除去されている（第7章7.3節参照）．したがって*Bam*HI認識配列は*nirM*内の1ヵ所のみとなるため有効に利用できる．実際に*nirM*を抗生物質耐性遺伝子で置き換えることを目指す場合，*Eco*T 14 Iと*Bam*HIの二つの制限酵素の組み合わせによる切断，あるいは次節

で挙げる *Eco*T14Iのみによる2ヵ所の切断を通じて操作を進めるのが妥当であろう．

9.4　遺伝子欠損

　欠落による遺伝子破壊は，抗生物質耐性遺伝子が標的DNA領域に残らないことが最大の特徴である．リバータントが出現する可能性が低く，かつ標的遺伝子の前後に位置する遺伝子の転写量に対する外来遺伝子（抗生物質耐性遺伝子）の転写活性による影響（polar effect：極性効果）を心配する必要もない．また，標的遺伝子を破壊したうえで別の遺伝子も破壊する必要が生じた場合，挿入や置換では最初の遺伝子破壊に使用した抗生物質耐性遺伝子を次の遺伝子破壊の選択マーカーとして使えず，別の抗生物質耐性遺伝子を使用する必要があるが，欠落による遺伝子破壊であれば制限なく遺伝子破壊を重ねることができる．利点は多いが，変異株作成の過程ではかなりの手間を必要とする（詳細は後述）．この方法でも抗生物質耐性遺伝子はやはり必要（最終的には除去される）で，加えて条件付きで細胞致死を引き起こす，いわゆる致死遺伝子も選択マーカーとして必要となる．ここでは筆者らが実際に *nirM* 遺伝子破壊株を作成した際のやり方に従って，変異導入のためのDNAコンストラクト作成手順を例示する（図9.2）．まず *nirM* の破壊のために，制限酵素 *Eco*T14Iを使ってプラスミドを切断する．この制限酵素は認識配列がクローニングベクターのpUC118には無く，*nirM* 中にのみ2ヵ所存在するため選んだものである．かなり近接した2ヵ所であるが，塩基配列のレベルで見ると（図9.2），この挟まれた狭い領域にコードされるアミノ酸配列に–C–x–x–C–H–という，ヘム *c* へのリガンド配列が見つかる．*nirM* は単ヘムの *c* 型チトク

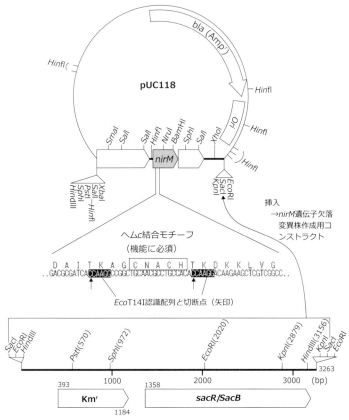

図9.2 遺伝子欠損変異株作成のためのプラスミドコンストラクトの作成例

ロムなので,この狭い範囲だけでも除去すれば機能を失う.EcoT14Iによる切断後はリガーゼでそのまま自鎖内連結(セルフライゲーション)し,大腸菌を用いてクローン化する.こうしてnirM

の欠損処理を施したプラスミド・コンストラクトを，今度はマルチクローニングサイトでのみ1ヵ所切断する制限酵素（この場合 *Sac*I）で切断し，致死遺伝子である *sac* 遺伝子（枯草菌に由来）とカナマイシン耐性遺伝子をともに含むDNA断片と連結する．*sac* 遺伝子はショ糖を基質としてレバンと呼ばれる長鎖糖類を合成するレバンスクラーゼという酵素をコードしており，この長鎖糖類の過剰蓄積は，主にグラム陰性細菌にとって致死となる．ただし，ショ糖を含まない培地で培養した場合は無害である．この *sac*-Km^r 断片をプラスミドと連結した後，再度大腸菌に導入する．形質転換した大腸菌をアンピシリンとカナマイシンを含む平板培地で選択し，プラスミド上の *nirM* 欠損と *sac*-Km^r 断片の挿入を確認する．

　以上，遺伝子破壊株作成に向けたプラスミドDNAの加工について具体例を挙げてみた．目的のコンストラクトを作るまでには，例示した以外に幾通りか別の手順も考えられるが，標的DNA断片，プラスミドDNA，抗生物質耐性遺伝子それぞれの制限酵素認識部位をしっかり把握し，なるべく短い工程で確実に作業が進むよう，事前によく考えておくことが重要である．標的遺伝子をPCRによってクローン化する場合，プライマーをデザインする段階から考えておかなければならない．

第10章

エレクトロポレーションによる遺伝子導入と相同組換え

10.1　エレクトロポレーション法とは

　本章では，前章で作成したプラスミドDNAコンストラクトを，研究対象の細菌へ導入し，変異株を選択する方法を紹介する．導入対象として，大腸菌以外のグラム陰性細菌を想定し，第8章でも紹介したエレクトロポレーション法を取り上げる．ちなみにコンピテントセル法は大腸菌以外ではあまり実施例がない．エレクトロポレーション法と並んでよく使われる方法には12章で紹介する接合伝達を利用する方法がある．この方法は高確率で遺伝子導入ができるよい方法であるが，導入するコンストラクトは前章で例示したものにもう一手間かける必要があるので，章を改めて説明する．

　エレクトロポレーション法（電気穿孔法）は，すでに述べた通り，細胞懸濁液に高電圧の電気パルスを加えて細胞に穴を開け，DNAを取り込ませる方法である．できた穴は速やかに閉じるとはいえ，細菌細胞にかなり負担がかかる処置であり，処理後の細胞がどれだけの割合で生残するかは種によって違いがある．電気パルスの効果は印加電圧の大きさと，ピーク電圧発生後の減衰特性に大きく依存するので，これらの値が適切になるよう機械のセッティングを種に合わせて変える必要がある．エレクトロポレーションでの遺伝子導入実績が多い菌種の場合は文献値を参考にしてもよいが，可

能な限り自分で予備実験をして最適化を図ることが望ましい．対象とする細菌が保持可能なプラスミド（広宿主域プラスミドであるpRSF 1010やpJRD 215などが想定される）があれば，これを実際に使用してエレクトロポレーションを行ってみるとよい．例えば印加電圧を1.8, 2.2, 2.5 kV（電極ギャップ幅2 mmの場合）の3段階，減衰カーブを規定するR値を100〜300 Ω程度の幅でやはり3段階，計9通りの組み合わせで設定し，適切な抗生物質を含む平板培地に接種してコロニーがどれくらい出現するかを比較する．その結果，必要があれば，別の設定も試みる．このような，エレクトロポレーションの条件最適化のための予備実験のついでに，各種抗生物質に対する耐性も予備実験しておくとよい．最低でもアンピシリン，カナマイシン，テトラサイクリン，クロラムフェニコールといった使用頻度の高い抗生物質について，例えば5, 10, 25, 50 μg/mLの濃度で含む平板培地および液体培地を作って対象細菌を接種し，コロニー出現頻度を記録しておけば後々役立つ．なお，エレクトロポレーション用の細胞懸濁液の調製法は図10.1に示すとおりで，細胞を超純水で数回洗浄してイオン成分を完全に除去し，最終的に10%グリセロール溶液に懸濁することになる．ちなみに大腸菌の場合も同じ手順で調製する．

10.2　相同組換え

細菌細胞内に導入されたプラスミドDNAコンストラクトは，非常に低い確率ではあるが，ゲノムDNA中にある標的遺伝子の相同配列との間で対合する．それを2本鎖DNA修復酵素であるリコンビナーゼが認識し，対合部分の末端でDNA鎖の切断および交叉した再連結を行うことでDNAの乗り換えが起こる（図10.2）．これ

10.2 相同組換え

細菌を適切な組成の培地200 mLで培養する.
│
指数増殖後期（濁度が0.8程度）に達したら氷上で冷却する.
│ 6,000 × g, 10分間, 4℃ 遠心分離
沈殿した細胞を20 mLの滅菌超純水 (MilliQ) に懸濁する.
│ 6,000 × g, 10分間, 4℃ 遠心分離
沈殿した細胞を20 mLの滅菌超純水 (MilliQ) に懸濁する.
│ 6,000 × g, 10分間, 4℃ 遠心分離
沈殿した細胞を5 mLの10%グリセロール溶液に懸濁する.
│
沈殿した細胞を1 mLの10%グリセロール溶液に懸濁する.
│
あらかじめ氷上で冷却した1.5 mL容のマイクロチューブに
│ 50 μLずつ分注する.
液体窒素にチューブごと漬け，凍結する.
│
凍結したままディープフリーザー (-80℃) で保存する.

> エレクトロポレーション用
> グリセロール溶液 組成
> 　グリセロール　　10%
> 超純水 (MilliQ) を用いて調製する. 0.45 μmフィルターで濾過滅菌する.

形質転換操作

凍結保存した細胞液を氷上で解凍し，40 μLを氷冷した
エレクトロポレーション用キュベットへ移す.
　　　　　　　　　　　（電極ギャップ2 mmを想定）
│
1 μLのDNA溶液（イオン成分を極力排除）を加えて軽く混ぜ，電気パルスを印加する.
　（キュベット表面の水気をよく拭き取って行うこと）
│
グルコースを1%含む培地3 mLへ素早く移し混合する.
│
氷上に30分間静置した後，一晩培養する.
│
適切な抗生物質を含む30 mL程度の培地へ移して培養を続ける.
│
適切な抗生物質を含む平板培地に塗り拡げて培養し，変異株を選択する.

図 10.1　エレクトロポレーション用細胞懸濁液の調製手順

が相同組換えの概要であり，その頻度を上げるためにはエレクトロポレーションの条件を最適化してDNAコンストラクトの導入効率を可能な限り上げる努力が必要となる．図9.2に例示したコンストラクトのプラスミド部分はpUC 118なので，大腸菌以外の細菌に

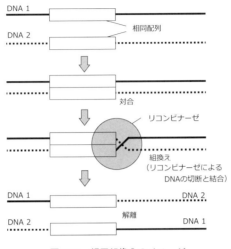

図 10.2 相同組換えのイメージ

保持されることは無く,相同組換えが起こらなければ消滅する.したがって,抗生物質の入った平板培地で培養したとき,組換えが起こった株のみがコロニーを形成する.

ゲノム DNA 中の標的遺伝子を置き換えるには,相同組換えが二つの相同配列部分両方で起こる必要がある.しかしその確率はあまり高いものではなく,多くの中間的な変異株が現れる.前章で例示したプラスミド DNA コンストラクトが,導入先の細胞でどのように組換えを起こすか,予想される過程を図 10.3 に模式的に示した.挿入失活または置き換えによる遺伝子破壊の場合,抗生物質耐性遺伝子をはさんで 2 ヵ所の相同配列があるので,相同組換えが片側のみで起こったとすると,どちらの相同配列部位で起こるかによって,組換え後の遺伝子配置は図に示すように 2 通り考えられる.いずれの場合もコンストラクト全体が,ベクター部分も含めゲノム

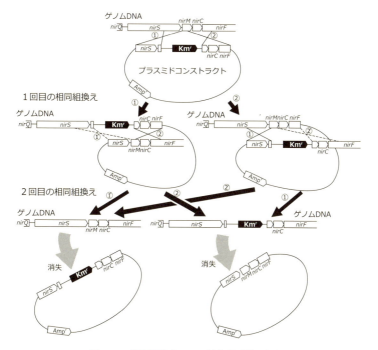

図10.3 相同組換えによる遺伝子破壊の過程

DNA 中に連結され，標的遺伝子（図の例では *nirM*）は無傷のまま残る．加えて，再度組換えが起こりうる相同配列が，相変わらず2ヵ所保たれていることに注意したい．2回目の相同組換えが起こった場合，それが1回目の相同組換えとは別の部位（図10.3 ①→②または②→①）であれば，目的の遺伝子破壊株が得られることになる．しかし同じ部位（①→①'または②→②'）で2回目の組換えが起こると，ゲノム DNA は元の野生型の配置に戻ってしまう．以上のことを把握したうえで，次節に遺伝子破壊株選択手

10.3 遺伝子破壊株の選抜

図 10.4 に，遺伝子破壊株を選択（スクリーニング）する操作手順例を示す．エレクトロポレーションをかけた細胞懸濁液（40 μL）を，衝撃からの回復のため氷上で 30 分間静置した後，抗生物質を含まない培地（3 mL）に移して一晩培養する．相同組換えはこの培養の間に起こる．翌日，培養液全量を，カナマイシンを含む 10 倍量の培地（30 mL）に移し，培地が濁ってくるまで培養を続ける（目安として 3 日間くらい）．組換えが起こらなかった大多数の細胞と，2 回の組換えを起こして野生型に戻った細胞が，この過程で排除される．培養液を白金耳で採り，カナマイシンを含む平板培地へストリークし（細胞の間隔が適度にひらくように塗り広げる），適切な条件で培養を続けると，変異株のコロニーが生じてくる．ただし，ここでの変異株は目的とする遺伝子破壊株だけでなく，1 回だけ組換えを起こしてプラスミドごとゲノムに取り込んでいるものが多く含まれている．そこで，生じてきたコロニーを 50 個程度選び，ナンバリングしたうえ白金耳で採り（コンタミネーションに注意），アンピシリンを含む平板培地と，カナマイシンを含む平板培地に，位置を対応させながらそれぞれ同じコロニーを接種する（レプリカの作成）．図 10.3 でもわかる通り，一回だけ組換えを起こした株はプラスミドに含まれるアンピシリン耐性遺伝子も持つので，どちらの平板培地上にもコロニーを形成する（Amp^r/Km^r）が，目的とする遺伝子破壊株はこの部分を失っているため，カナマイシンを含む平板培地にのみコロニーを生じる（Amp^s/Km^r）．

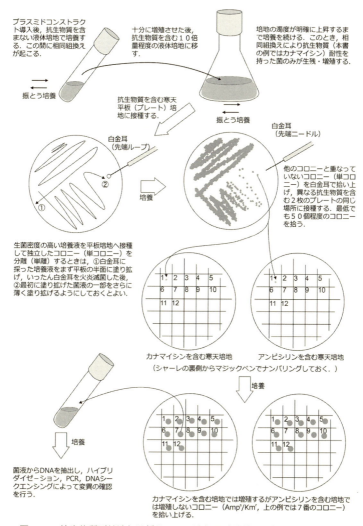

図10.4 抗生物質耐性遺伝子挿入による遺伝子破壊株を選択する操作手順例

10.4 致死遺伝子をマーカーとした変異株の選抜

　欠落による遺伝子破壊株（図9.1③のケース）を作成する場合も，組換えの過程や実験操作の基本的な部分は挿入失活の場合と大差はない．明確に違うのは，選択マーカーとして条件致死遺伝子である *sac* 遺伝子が使用されていることと，この遺伝子がカナマイシン耐性遺伝子とともに標的遺伝子群（図では *nir* 遺伝子群）の外，つまりプラスミド部分に配置されている点である（図9.2参照）．したがって，遺伝子破壊株は抗生物質耐性だけを指標にして選択されるのではない．本節では *sac* 遺伝子を使用した，2段階の選抜による方法を紹介したい．

　エレクトロポレーションに始まって，カナマイシン耐性を持つ株を拾い上げるところまで（アンピシリンによる選抜は行わない）は，前節で示した手順とまったく一緒である．これが1段階目の選択で，この段階で得られる株においては，1回の相同組換えによってプラスミド・コンストラクト全体がゲノム中に挿入されている．なお，この1段階目の選択では，効果的に選択できるのであれば，カナマイシンではなくアンピシリンを使用しても構わない．ただしアンピシリンに対しては，8章8.3節でも述べた通り日和見的な耐性が見られる場合があるので注意を要する．

　1段階目の選択で拾い上げられた株を，カナマイシンを含む平板培地にストリーク（白金耳を使って薄く塗り伸ばす）して培養し，単一コロニーを拾い上げることで完全に純化した後，抗生物質を含まない液体培地に接種して培養を続ける．2回目の相同組換えは，この培養の間に起こる．筆者らはこの過程を何回かの植継ぎ（3 μL → 3 mL）によって余裕を持たせている．2回目の相同組換えが起こると，前節で考察したように，元の野生型に戻ってしまう株と，

標的遺伝子に欠落を持つ株の2種類が生じる．いずれの場合もプラスミド部分とともに *sac* 遺伝子は消失することになる．2段階目の選択では，これらの株を *sac* 遺伝子が示す発現致死性（9章9.4節参照）に基づいて選択することになる．培養液の一部（30 µL）を取って，ショ糖を含む培地（3 mL）へ接種し，数日培養を続けると，培養液がわずかに濁ってくる．これは相同組換えを2回起こした株のみが増殖するためで，大多数を占める *sac* 遺伝子保持株（2回目の相同組換えを起こしていない株）は，ショ糖の存在下では致死となる．この培養液を白金耳に採り，ショ糖を含む平板培地へストリークして数日間培養する．出現するコロニーは，野生株への復帰株，または目的とする破壊株のコロニーである．表現型に明白な違いがない限り，両者を見分けるにはサザンハイブリダイゼーションまたはPCRを行って，変異導入部位の遺伝子配置を確認する必要がある．調べた株が目的の破壊株である確率は，理論上1/2である．したがって，8個前後のコロニーを選んで調べれば，破壊株はほぼ得られるものと考えてよい．

第11章

ハイブリダイゼーション

11.1 ハイブリダイゼーションとは

　特定の遺伝子や塩基配列の有無を確認する手段として，ハイブリダイゼーションの手法は広く用いられてきた．相補的な塩基配列を持つDNAどうし（またはRNAどうし，もしくはDNAとRNA）が安定に対合する性質を利用して，例えばナイロン膜上に固定した多数のDNA断片に対し，そのいずれかに相補的な塩基配列を持つDNA（プローブ）を標識したうえ対合させ，特定のDNAを検出するといった使い方をする．RNAを使うことも可能である．DNAを検出するためのハイブリダイゼーションを開発者にちなんでサザンハイブリダイゼーション，RNAを検出する場合はサザンに対して駄洒落的にノーザンハイブリダイゼーションと呼んでいる．ここでは，前項で例示した遺伝子破壊株を同定することを念頭に，制限酵素で切断したゲノムDNAを電気泳動で分画して変異DNA断片を検出するという，いわゆるゲノミック・サザンハイブリダイゼーション（サザンブロッティングとも呼ぶ）の1例を紹介したいと思う．

11.2 DNA試料作製とブロッティング

　抽出したゲノムDNAを1 μg程度，制限酵素で完全に切断する．使用する制限酵素は標的遺伝子を短い長さで切り出せるものや，変異部位を切断するものを使うと後の同定が容易になる．図6.2に例示したnirM遺伝子の破壊株であればSphIやNruIがそれにあたる．いずれにせよいくつかの制限酵素を試すのが好ましい．また，コントロールとして野生株のゲノムDNAも同様に処理しておく．制限酵素で切断したDNAは，アガロースゲル電気泳動にかけ染色し，十分に切断されているかどうか確認する．よく切断されていればさまざまな長さの断片が生じるので泳動レーンの広い範囲にわたって連続的（スメア）に染色されるはずである．DNAがレーンの高分子量側に固まって検出される場合はうまく切断されていないものと考えられる．細菌によっては特定の配列を切断からブロックしていることがあるので，制限酵素の種類によっては切断できない場合がある．あらかじめ予備実験により確かめておくのが望ましい．電気泳動後，ゲル上のDNAをナイロン膜（正電荷を持つためDNAを吸着する）に写し取る作業（ブロッティング）を行う．DNAがエチジウムブロマイド等で染色されていても差支えない．ここでは安価で手軽な方法として，キャピラリーブロッティングと呼ばれる，毛細管現象を利用した方法を紹介する（図11.1）．DNAを変性させるために電気泳動後のゲルをアルカリ処理および中和処理した後，ナイロン膜にブロッティングするのが一般的であるが，ブロッティングを直接0.4 mol/Lの水酸化ナトリウムを使って行うことでアルカリ処理を兼ねる方法もある．このような方法は特にアルカリトランスファーと呼ばれる．ただしアルカリトランスファーが推奨されないナイロン膜の製品（GEヘルスケア　Hybond-N$^+$な

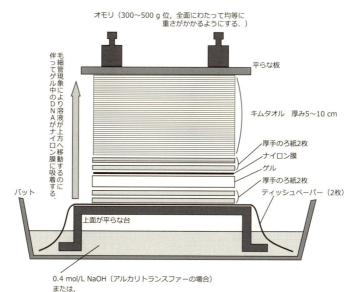

図11.1 アガロースゲルからナイロン膜へDNAを写し取る方法（ブロッティング）

ど）もあるので注意したい．ナイロン膜にブロッティングした後，UV照射（3分程度）または80℃に加温（2時間程度）してDNAを膜上に固定する．なお，実際の操作にあたっては，DNAの固定法やブロッティングに使用する溶液類は，使用するナイロン膜メーカーの推奨に従うのが賢明である．

11.3 プローブの作成

　ブロッティングの操作を進める一方で，標的とする DNA 断片検出のため，標識した DNA 断片（プローブと呼ぶ）を準備する．これにはクローニングで使用した PCR 産物を使うか，プラスミドにクローン化されている断片から制限酵素を使って切り出した DNA 断片を充てる．後者の場合は切断後，アガロースゲル電気泳動で分画し，カッター等で切り出したゲル片から回収する．標識物質として，かつてはラジオアイソトープ（α-[^{32}P]-dCTP や γ-[^{32}P]-dATP）の使用が常法であったが，現在ではローダミンなどの蛍光物質を使用したり，ビオチンやジゴキシゲニンなどの特異的な構造を持つ化合物を取り込ませ，蛍光物質を付加した抗体で検出するなど，化学発光の利用が主流である．標識反応では，プローブ用に準備した DNA 断片を変性し，6 塩基長ほどのさまざまな配列を持つ短いプライマー（ランダムプライマー）を対合させ，標識物質を結合したヌクレオチドを含む dNTP を用いた DNA 合成を行う．PCR で取り込ませる場合もある．現在では，プローブの標識から検出までシステム化されたキットを使うのが一般的で，ジゴキシゲニンを使う DIG システム（ロシュ）などがよく知られている（図 11.2）．こうしたシステムでは，メーカーから同じ標識がなされた DNA 分子量マーカーも提供されており，検出の際にはポジティブコントロール（陽性対照）としても有効である．

11.4 ハイブリダイゼーションとプローブの可視化

　プローブが作成できたらハイブリダイゼーションの操作に移る．キット使用の場合は具体的な操作内容や使用する溶液類の組成につ

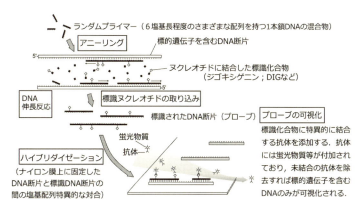

図11.2 ハイブリダイゼーションにより特定のDNAを可視化するための流れ

いて説明書通りに進めればよく，ここでは概要を述べることとする．DNAをブロッティングしたナイロン膜を，まずプローブを含まないハイブリダイゼーション溶液に充分浸す．これはプレハイブリダイゼーションと呼ばれる処理で，膜をあらかじめ平衡化しておくことでプローブの非特異的吸着を押さえる効果がある．その後，変性したプローブを加え，目的のDNA部位と対合させる．充分な時間（数時間から1日）を置いた後，ハイブリダイゼーション溶液（繰り返し使用できる）を回収する．対合しなかった余計なプローブは低イオン強度のバッファーを使って膜から洗い落とす．バッファーを何度か取り替えて充分に洗う．プローブを直接標識している場合はこの段階で目的DNAのバンドパターンが検出できる．標識した抗体等で間接的にプローブを標識する場合は，その抗体を含む緩衝液に浸して発色を待つことになる．

検出されたバンドパターンと，制限酵素地図から予想されるバンドパターンを比較すれば，遺伝子の欠損や付加などが確認できる．

nirM 遺伝子欠損変異株の作製（図 9.2 参照）を例に取ると，ゲノム DNA を *Sal* I で切断し，図 7.2 に示す領域を PCR で増幅した断片をプローブとした場合，野生株であれば 222，281，678 塩基長の計 3 本の DNA バンドの出現が予想される．欠損変異株であれば 222 および 281 塩基長の 2 本の DNA バンドは野生株の場合と共通であるが，残りの 1 本は *nirM* 中の *Eco*T 14 I 部位で挟まれた 27 塩基が欠落するので，651 塩基長のやや短いバンドとして検出されることになる．

11.5 コロニーハイブリダイゼーション

サザンハイブリダイゼーションによる DNA の検出は，平板培地上にコロニーを形成した細菌株が特定の遺伝子を持っているかどうか調べるのにも活用でき，このような方法はコロニーハイブリダイゼーションと呼ばれている．シャーレより一回り小さい丸形のナイロン膜にコロニーを写し取り，変性液を染み込ませたろ紙上に数分間置いてゲノム DNA を変性させる（同時に菌体も溶解する）．次いでナイロン膜を中和液に浸した濾紙上に移して数分置き，さらにUV 照射（数分間）または 80℃ 加熱（1–2 時間）で DNA を固定する．後は乾燥させ，前節と同様にハイブリダイゼーションおよびプローブの検出を行えば，標的遺伝子を含むコロニーを特定できる．

第12章

接合伝達による遺伝子導入

12.1 接合伝達とは

　細菌細胞への遺伝子導入法として，エレクトロポレーションによる方法を，10章で紹介した．エレクトロポレーション法は細菌の種を問わず手軽に試してみることができるうえ，大きなプラスミドでも導入できる優れた方法であるが，細胞壁が丈夫な細菌や，生育に一定以上の塩強度を必要とする細菌などでは導入効率が上がらず，相同組換えによる遺伝子改変には適用不可となる場合もある．本書では，もう一つの方法として接合伝達法を紹介したい．大腸菌の株とプラスミド（正確にはプラスミド内の遺伝子）の組み合わせによっては，性線毛の介在によって異なる種の細胞と接合管を形成し，プラスミドを送り込む現象（接合伝達）が知られており，これを利用してプラスミドDNAコンストラクトを他の細菌へ導入する方法である．この方法もやはり細菌の種によるが，うまくいけば大きなプラスミドでも導入可能である．同じ細菌種に対してエレクトロポレーションと接合伝達によるプラスミドDNAの導入を試みた筆者らの経験では，接合伝達による導入のほうが安定しているうえ高効率であった．もちろん種によってはプラスミド供与菌である大腸菌と共存することが難しく，接合伝達法が適用できない場合もあろう．しかし，遺伝子導入の手段を複数持っておくことは，遺伝子

操作を確実に進めるための大きな助けとなる.

12.2 接合伝達で用いるプラスミド

本章では，エレクトロポレーション法の解説で例示した $nirM$ 欠損変異株の作成過程を，そのまま接合伝達法で代替えするものと仮定して話を進めることにする．接合伝達においてプラスミドの供与菌となる大腸菌は，受容菌との接合に必要な性線毛や接合管を形成するためのタンパク質を合成しなければならい．これらのタンパク質は tra と呼ばれる遺伝子群にコードされる．図 12.1 に示すように，接合伝達が始まると，プラスミドはいったん 1 本鎖 DNA となって受容菌へ送り込まれるが，一方で，受容菌内では受け入れと同時に相補鎖が合成され，最終的には 2 本鎖 DNA としてコピーされる．プラスミドの伝達・複製開始時に，その DNA の片鎖へ切れ目（ニック）を入れる酵素が必要で，この酵素は mob という遺伝子にコードされている．また，この酵素は ori と呼ばれる複製開始配列を特異的に認識する．以上の理由で，tra，mob，ori の三つの要素が揃えば，プラスミドの接合伝達が起きることになる．天然に見られる接合伝達プラスミドはこれらの要素をすべて含んでいるが，このうち tra の遺伝子群はかなり規模が大きいので，そのまま遺伝子操作のベクターとして使うには不向きである．そこで tra 遺伝子群をゲノムに移し替えた大腸菌株が開発されるようになり，それに伴って接合伝達用のプラスミドベクターも小型化された．本項で紹介する pJP 5603 は，このようにして開発された接合伝達用のベクタープラスミドの一つで，図 12.1 および図 12.2 に示すように mob 遺伝子と ori（正確には oriR 6 K）配列を持っている．その接合伝達には，移植された tra 遺伝子群をゲノム上に持つ S 17–1 λpir

12.2 接合伝達で用いるプラスミド　99

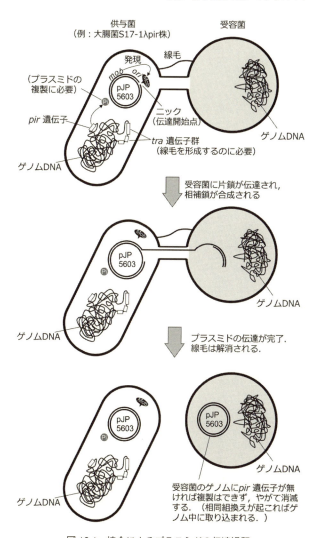

図 12.1　接合によるプラスミドの伝達過程

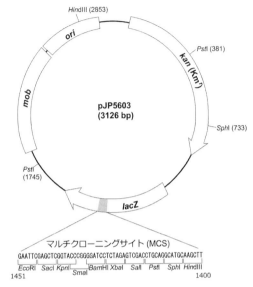

図 12.2 接合伝達に用いる自殺プラスミド pJP5603 の遺伝子地図

株という大腸菌が使われる．さらに pJP 5603 について，このプラスミドの ori 配列は少し特殊で，pir と呼ばれる遺伝子がコードするタンパク質を必要とし，宿主となる大腸菌はこの遺伝子を持っていないと pJP 5603 プラスミドを保持できない．S 17-1 λpir 株の λpir という表記は，この pir 遺伝子が導入されているということを意味している．ちなみに pJP 5603 プラスミドを単純に保持および加工する際には JM 109 λpir 株を使用するが，この場合も同様で，汎用性のある JM 109 株に pir 遺伝子を導入してある．ただし JM 109 λpir 株には tra 遺伝子群が無いので接合伝達には使えない．以上，長くなってしまったが，接合伝達を遺伝子操作に利用するため，いろいろな工夫と制約があることを理解しておいて欲しい．組み合わ

せが合わないと接合伝達が起きないのは，クローン化した遺伝子の意図せぬ拡散を防止するという意味もある．

12.3 接合伝達による遺伝子導入操作の例

接合伝達による遺伝子操作においても，DNAコンストラクト作成についての基本的な考え方は9章の「遺伝子破壊」で述べた通りである．違うのは，最終的にプラスミド部分をpJP 5603のような接合伝達用のものに代えておく点である．遺伝子のクローニングや加工はコピー数の多いpUCプラスミド等を使って進め（pJP 5603は低コピー数のプラスミドなので不向き），最後にそのDNA断片をpJP 5603へ移すようにするとよい．図12.2に示すように，pJP 5603はpUCプラスミドと同様に $lacZ$ 遺伝子を持ち，マルチクローニングサイトもその中にあるので，JM 109 λpir株をホストとして使えばブルー・ホワイトスクリーニングができる．なお，以下の説明では，pJP 5603の選択マーカーであるカナマイシン耐性遺伝子がクロラムフェニコール耐性遺伝子に置き換えられたプラスミドを使用していることをお断りしておく．これは，筆者らが研究対象とした細菌にカナマイシン耐性の付与以外に適切な変異株選択手段が無かったため，プラスミドの選択マーカーにはこれと重複しないよう別の薬剤耐性遺伝子を利用する必要があったためである．

ともかく，JM 109 λpir株をホストとして最終的なpJP 5603プラスミドコンストラクトが完成したならば，それを抽出してS 17-1 λpir株を形質転換する（S 17-1 λpir株ではブルー・ホワイトスクリーニングができないことに注意）．こうして得られたプラスミド供与菌である大腸菌S 17-1 λpir株と任意の受容菌を，それぞれ液体培地で洗浄して抗生物質を除去した後，混ぜ合わせ（メーティン

グと言う）接合伝達を行わせる（図12.1）．このとき，供与菌・受容菌双方とも対数増殖期（目安として660 nmで測定した濁度が0.5〜0.8位）の培養を使用することが望ましい．次いで混合菌液100 μL程度を，抗生物質の入っていない平板培地へ静かにスポットする．このとき使用する培地の組成は大腸菌も受容菌も増殖できるような組成でなければならないが，大腸菌の増殖のほうがたいていは速いことを考慮すると，受容菌用の培地組成を使うことが多いかと思われる．事前に大腸菌を受容菌用の培地へ，また受容菌をLB培地に，それぞれ接種し，増殖の可否を調べて適切な培地組成を調べておくとよい．

12.4 変異株の選抜

供与菌と受容菌の混液をスポットした平板培地を一晩，両者にとって適切な温度で培養し，接合伝達を促進する．翌日，スポットを滅菌したスパチュラ（ミクロスパーテル）でかき取り，1 mL程度の液体培地に懸濁する．そのうちの100 μL程度，または遠心分離により沈殿した菌体を少量の液体培地に懸濁し，抗生物質を含む平板培地へ塗り広げる．この平板培地には，標的遺伝子の破壊に用いる抗生物質（実験例ではカナマイシン）はもちろんのこと，受容菌は耐性で大腸菌は感受性となる抗生物質も加えておく．実験例では，受容菌は *Rubrivivax gelatinosus* というグラム陰性細菌であり，テトラサイクリンに対する耐性があるので，カナマイシンとテトラサイクリンをそれぞれ50 μg/mLで加えている．このような抗生物質が見つからない場合，受容菌の生理学的特徴をよく調べ，受容菌は生育できるが大腸菌は死滅する，もしくは生育できないような組成の平板培地または培養法を適用する必要がある．この平板培

地を数日培養し,出現したコロニーを拾い上げる.このとき,コロニーのバックグラウンドに分布する未変異株や大腸菌を一緒に拾い上げてしまう可能性があるので,新しい平板培地へいったんストリークして培養し,確実に純化しておくことが望ましい.これらの操作によって得られた菌株は,導入したDNAコンストラクトが相同組換えによりゲノムへ組み込まれたと考えられる変異株候補である.最終的には液体培養してゲノムDNAを抽出し,ハイブリダイゼーションおよびPCRとDNAシークエンシングにより変異を確認しなければならない.なお,欠落による破壊株作成を目的としている場合は,10章で述べたのと同じ手順で2段回目の相同組換えに向け,作業をさらに続けることとなる.

第13章

遺伝子導入と強制発現

13.1 遺伝子導入実験の必要性

　遺伝子破壊株を作成して親株との形質の違いを調べれば,その遺伝子の機能が推定できる.ただし,それだけでは遺伝子機能の最終的な同定には不十分で,一度破壊した遺伝子を無傷で破壊株に導入し,形質が元に戻るかどうか調べる実験(遺伝子相補実験)がしばしば必要とされる.また,大腸菌を用いて外来遺伝子を強制発現させようとする場合,補因子を結合するタンパク質や膜タンパク質等をコードする遺伝子が対象だと,細胞致死を引き起こしたり,タンパク質が不溶性の凝集体(inclusion body)を形成するなど,うまく機能しないことがしばしばある.さらに,特定の細菌を単純に形質転換したい場合も含め,本章では大腸菌以外の細菌に遺伝子を導入して発現させる方法を紹介する.

13.2 プラスミド上の遺伝子の発現

　標的細菌への遺伝子導入の方法として,2通りのパターンが考えられる.一つは大腸菌の形質転換(第8章)で述べたように,目的遺伝子を挿入したプラスミドを菌体内へ導入し保持させる方法である.もう一つは相同組換えを利用して目的遺伝子をゲノム中に挿

入するパターンである．前者の場合，宿主が保持できるような，言い換えれば自らの複製機構を自前で持っているようなプラスミドを使用する必要がある．このようなプラスミドは大腸菌だけでなく，さまざまな細菌種で複製できるので広宿主域（broad host-range）プラスミドと呼ばれる．pRSF 1010 というプラスミドが有名で，図 13.1 に示す pJRD 215 はこの pRSF 1010 から不要な部分をさらに除き，サイズを小さくした広宿主域プラスミドである（とは言え 10 kb を超えるので，クローニング用のプラスミドに比べれば大きめである）．このプラスミドは *mob* 遺伝子を持っているので接合伝達

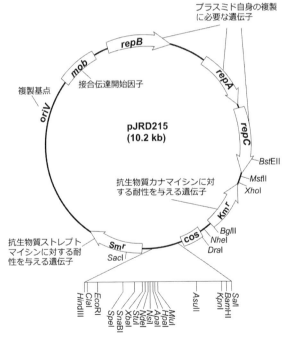

図 13.1　広宿主域プラスミド pJRD215 の遺伝子地図

による導入が可能で，選択マーカーとしてはカナマイシンおよびストレプトマイシンに対する耐性酵素遺伝子を持っている．マルチクローニングサイトも備えているので外来遺伝子の挿入も比較的容易で，目的遺伝子を PCR で増幅した DNA 断片を挿入する場合，フォワード・リバース両プライマーの 5'-側に，それぞれ異なる制限酵素認識配列を付加しておけば効率よくコンストラクトを作成できる．気をつけたいのは目的遺伝子をいかに発現させるかを考えておくことで，必要に応じて遺伝子の上流領域にプロモーター配列を含むような形で PCR プライマーを設計しなければならない．なお pJRD 215 は *lacZ* を持たないのでブルー・ホワイトセレクションはできない．作成したコンストラクトは接合伝達でもエレクトロポレーションでも導入することができるが，以下ではエレクトロポレーションで導入する場合の手順を簡単に述べたい．

細胞懸濁液の調製法や装置の設定に関しては 10 章と同様なので省略する．エレクトロポレーションをかけた直後の細胞懸濁液（40 µL）を，氷上で 30 分間静置した後，抗生物質を含まない培地（3 mL）で数時間から一晩培養した後，抗生物質を含む平板培地に接種する．接種量は希釈なし，100 倍希釈，10,000 倍希釈の 3 段階程度の希釈段階を作成し，それぞれ 100 µL をスプレッダーで平板培地上に広げる．pJRD 215 を用いる場合，使用する抗生物質はカナマイシンまたはストレプトマイシンである．数日培養し，コロニーが十分な間隔で出現している平板培地から四つ程度を選んで液体培地（抗生物質添加）へ接種し，さらに培養を続ける．この培養から DNA を抽出してサザンハイブリダイゼーションまたは PCR でプラスミドの存在を確認する．あるいは大腸菌同様にミニプレップでプラスミドを抽出して電気泳動によって確認してもよい．プラスミドのコピー数が少なすぎて電気泳動では確認できない場合，一部

を採って大腸菌へ導入し，大腸菌を形質転換できるかどうかでその存在を確認する方法もある．

13.3 相同組換えによる遺伝子導入

相同組換えを通じて遺伝子を導入する場合，ターゲットの細菌では増殖保持できないプラスミドを使用する．導入の方法として大腸菌からの接合伝達とエレクトロポレーションの二つが一般的で，接合伝達ならば pJP 5603 等の自殺プラスミドを使用するが，エレクトロポレーションの場合は pUC プラスミドなどでも構わない．経験的には接合伝達で導入するほうが，変異株が得られる確率は高い．どちらの方法にするかは選択マーカーとしてどんな抗生物質耐性遺伝子が使えるか，ターゲットとする細菌ではどちらの方法がより実績があるかで判断するのがよいだろう．プラスミドコンストラクトの作成は，発現させたい遺伝子のマルチクローニングサイトへの挿入と，相同組換えののりしろに当たる DNA 断片の挿入の，2 段階のクローニング作業が基本となる．のりしろとなる相同配列領域をどのような DNA 断片とするかが問題で，例えば遺伝子欠落変異株（破壊株）に同じ遺伝子を戻す形で導入する場合は対象遺伝子の上流部分をそのまま使えばよく，この場合はクローニングの手間が 1 回ですむ．外来の遺伝子を導入する場合は常発現している遺伝子，または何らかの方法で発現誘導をかけられる遺伝子の下流部分（遺伝子を破壊しないように留意）を使うとよい．いずれにしろ，のりしろとなる相同領域は，少なくとも 500 塩基長以上，できれば 1,000 塩基長以上としたい．プラスミド DNA コンストラクトをエレクトロポレーションで導入する場合は 10 章を，接合伝達の場合は 12 章を，それぞれ参照して欲しい．変異株は抗生物質を

含む平板培地で選択するが，接合伝達の場合は大腸菌除去のための処置または抗生物質の添加も必要となる．出現したコロニーを変異株候補として4～8個程度選んで液体培地で培養し，DNAを抽出してサザンハイブリダイゼーションまたはPCRおよびDNA塩基配列決定により，ゲノムへの遺伝子の挿入を確認する．

第14章

部位特異的変異（点変異）の導入

　酵素の機能を，その酵素を構成する特定のアミノ酸を別のアミノ酸に置き換えることで改変できる場合がある．また，酵素機能の改変に限らず，アミノ酸配列を変更するために遺伝子の塩基配列を人為的に変更する操作はしばしば行われる．方法はこれまでいくつか考案されてきたが，本書では2段階のPCRを利用した比較的簡便で成功率の高い方法を紹介したい．概要を図14.1に示す．

　この方法では変異を導入しようとする遺伝子がpUCプラスミドなど既知のプラスミドにクローン化されていることが望ましいが，PCRによる増幅DNA断片でも鋳型として利用可能である．クローン化されている遺伝子に1塩基の置き換えを導入する場合，その置き換え塩基を中心として25塩基長程度の合成DNAプライマーを作成し，さらにそのプライマーと対になる相補鎖のプライマーも作成する．図14.2に，本書でたびたび登場した$nirM$遺伝子を例に挙げ，塩基配列を1ヵ所変える（ヘムcを結合するシステインをセリンに変更する）ためのプライマーの設計例を示す．これらのプライマーを，仮に，変異導入用のフォワード（F）およびリバース（R）プライマーと呼ぶことにする．次いでマルチクローニングサイトに挿入されているDNA断片全体をPCRによって増幅するためのプライマーセット（pUC系プラスミドの場合，シークエンシング用のユニバーサルプライマーと銘打って提供されているもので

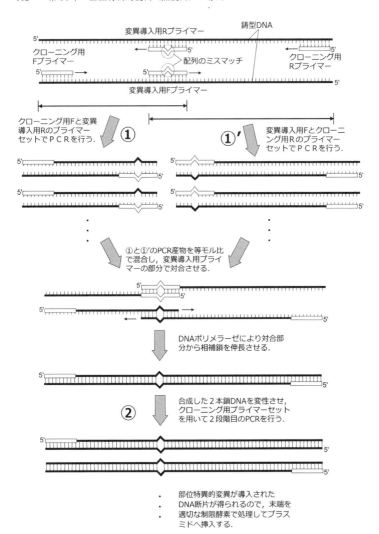

図 14.1 塩基配列の改変（点変異の導入）のための 2 段階 PCR の概要

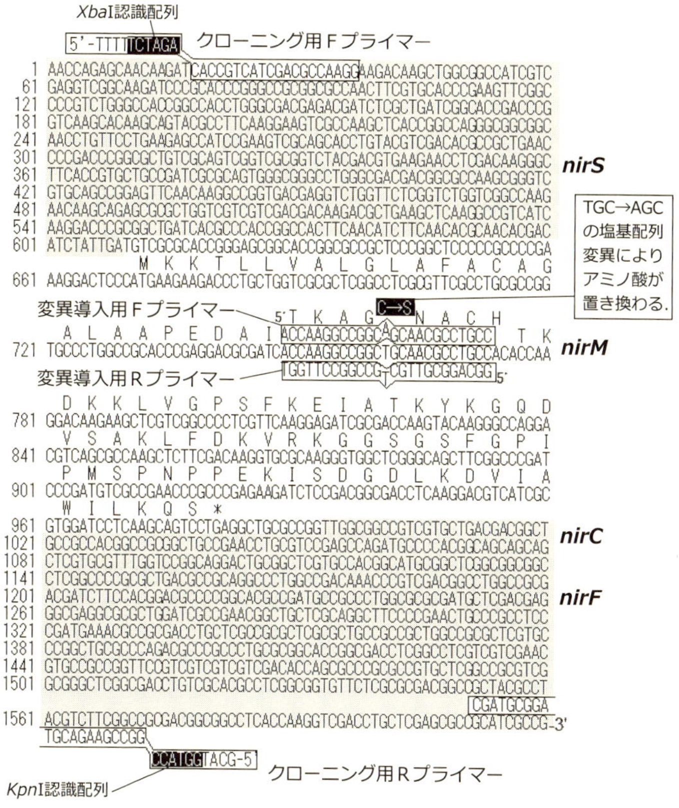

XbaI認識配列
5'-TTTT TCTAGA クローニング用Fプライマー

    1 AACCAGAGCAACAAGAT CACCGTCATCGACGCCAAGG AAGACAAGCTGGCGGCCATCGTC
   61 GAGGTCGGCAAGATCCGCACCCGGGCCGGCGCCAACTTCGTGCACCCGAAGTTCGGC
  121 CCCGTCTGGGCCACCGGCCACCTGGGCGACGAAGACGATCTCGCTGATCGGCACCGACCCG
  181 GTCAAGACAAGCAGTACGCCTTCAAGGAAGTCGCAGTCTCACCGGCCAGGGCGGCGGC
  241 AACCTGTTCCTGAAGAGCCATCCGAAGTCGCAGCACCTCGTACGTCGACACGCGCTGAAC
  301 CCCGACCCGGCGCTGTCGCAGTCGGTCGCGGTCTACGACGTGAAGAACCTCGACAAGGGC   nirS
  361 TTCACCGTGCTGCCGATCGCCGCAGTGGGCGGGCCTGGGCGACGACGGCGCCAAGCGGGTC
  421 GTGCAGCCGGAGTTCAACAAGGCCGGTGACGAGGTCTGTTCTCGGTCTGGTCGGCCAAG
  481 AACAAGCAGAGCGCGCTGTCGTCGTCGACGACAAGACGCTGAAGCTCAAGGCCGTCATC   TGC→AGC
  541 AAGGACCCGGGCTGATCACGCCCACCGGCCACTTCAACATCTTCAACACGCAACACGAC   の塩基配列
  601 ATCTATTGATGTCGCGCACCGGGAGCGGCACCGGCGCCGCTCCCGGCTCTCCCCGCCCGA   変異により
          M K K T L V A L G L A F A C A G   アミノ酸が
  661 AAGGACTCCCATGAAGAAGACCCTGCTGGTCGCGCTCGGCCTCGCGTTCGCCTGCGCCGG   置き換わる.

変異導入用Fプライマー 5'T K A G   C→S   N A C H
          A L A A P E D A I ACCAAGGCCGGC AGCAACGCCTGCC T K
  721 TGCCCTGGCCGCACCCGAGGACGCGATCACCAAGGCCGGCTGCAACGCCTGCCACACCAA   nirM
変異導入用Rプライマー   TGGTTCCGGCCG CGTTGCGGACGG 5'
          D K K L V G P S F K E I A T K Y K G Q D
  781 GGACAAGAAGCTCGTCGGCCCCTCGTTCAAGGAGATCGCGACCAAGTACAAGGGCCAGGA
          V S A K L F D K V R K G G S G S F G P I
  841 CGTCAGCGCCAAGCTGTTCGACAAGGTACGCAAGGGTGGCTCGGGCAGCTTCGGCCCGAT
          P M S P N P P E K I S D G D L K D V I A
  901 GCCGATGTCGCCGAACCCGCCCGAGAAGATCTCCGACGGCGACCTCAAGGACGTCATCGC
          W I L K Q S *
  961 GTGGATCCTCAAGCAGTCCTGAGGCTGCGCCGGTTGGCGGCCGTCGTGCTGACGACGGCT
 1021 GCCGCCACGGCCGGGCTGCCGAACCTGCGTCCGAGGCAGATGCCCCACGGCAGCAGCAG   nirC
 1081 CTCGTGCGTTTGGTCCGGCAGGACTGCGGCTCGTGCCACGGCATGCGGCTCGGCGGCGAG
 1141 CTCGGCCCCGCGCTGACGCCGCAGGCCCTGGCCGACAAACCCGTCGACGGCCTGGCCGCG
 1201 ACGATCTTCCACGGACGCCCGCCGGCACGCCGACTGCTCGCAGGCTTCCCCGAACTGCCGCTCC   nirF
 1261 GGCGAGGCGGCCTGGATCGCCGAACGGCTGCTCGCAGGCTTTCCCCGAACTGCCGCTCC
 1321 CGATGAAACGCCGCGACTGCTCGCCGCGCTGCGCTGCCGCCGCTGGCCGCGCTCGTCGC
 1381 CCGGCTGCCGCCCAGACGCCCGCCTGCCGGCCACCGGCGACCTCGGCCTCGTCGTCGAAG
 1441 GTGCCGCCGGTTCCGTCGTCGTCGTCGACACCAGCGCCCGGCGCTGCTCGGCCGCGTCG
 1501 GCGGGCTCGGCGAACCTGTCGCACGCCTCGGCGGTGTTCTCGCGCGACGGCCGTACGCCT
                                                              CGATGCGGA
 1561 ACGTCTTCGGCCGGCGACGGCGGCCTCACCAAGGTCGACCTGCTCGAGACGCCGCATCGCCG-3'
      TGCAGAAGCCGG
      CCATGG TACG-5   クローニング用Rプライマー
KpnI認識配列

図 14.2 塩基配列改変のための PCR プライマーのデザイン例

も可）も作成する．これらのプライマーをクローニング用のフォワード（F）およびリバース（R）プライマーと呼ぶことにする．PCR による増幅 DNA 断片を鋳型とする場合のクローニング用プライマーは，その断片の両末端付近に対合する 20 塩基長前後のプラ

イマーセットとして設計し，さらにその 5'-末端に制限酵素認識配列を付加しておく．

　これらのプライマーを用いた PCR の概要を図 14.1 に示した．1段階目の PCR を，クローニング用 F プライマーと変異導入用 R プライマー，および変異導入用 F プライマーとクローニング用 R プライマーの組み合わせでそれぞれ行う．得られた二つの増幅 DNA 断片を精製し，1：1 のモル比で混合する．この混合 DNA 断片を熱変性してそれぞれ 1 本鎖の状態にし，ゆっくり温度を下げて対合させる．このとき，二つの DNA 断片は変異導入用プライマー部分で不安定ながらも対合するはずである．ここに DNA ポリメラーゼ (PCR 用) と dNTP を加え，72℃で 5 分間ほど DNA の伸長反応を行うと，変異導入用プライマー部分で対合した断片は，対合部分から両側へ伸長し，変異が導入された長い 2 本鎖 DNA となる．ここへさらにクローニング用の F および R プライマーを加え，2 段階目の PCR を行う．この PCR で増幅されるのは，変異が導入された長い 2 本鎖 DNA である．アガロースゲル電気泳動で増幅を確認した後，マルチクローニングサイトの制限酵素で処理して適切なプラスミドへ挿入する．このプラスミドコンストラクトで大腸菌のトランスフォームを行い，増幅したプラスミドを抽出・精製し，塩基配列の決定を行い，変異の導入を確認する．以上は 1 塩基の置換を導入する場合の実験例であるが，プライマーのデザインを変えれば数塩基の挿入や欠落も導入できる．ペプチドの末端に His-tag などの修飾を加えたり，新たな制限酵素認識配列を挿入するなど，さまざまな応用が考えられる．

第15章

遺伝子クローニングの現代的手段

15.1 相同組換えを利用した遺伝子クローニング

　本書ではDNAの加工に際し，制限酵素を利用した従来からの手法を主に取り上げて解説してきた．しかし最近はより簡便で効率のよい方法が開発されてきているので簡単に紹介してみたい．一つはチューブ内のDNA断片どうしを，相同組換えを利用して繋げる方法で，米国のクロンテック社から"In Fusion クローニングキット"と銘打って販売されている製品（国内販売元はタカラバイオ）を使用して行う．メーカーでは主に，DNA断片をベクタープラスミドへ挿入してクローン化する場合を想定している．このとき，挿入するDNA断片の両端に15塩基長程度でプラスミドのクローニング部位と対合する配列が必要となる．したがって挿入DNA断片はあらかじめPCRで増幅したものが必要で，PCRのプライマーにはフォワード／リバースとも，5'-末端に15塩基長程度のクローニング部位相同配列を付加してデザインする必要がある．反応自体は挿入DNA断片とプラスミド（あらかじめ制限酵素処理により開環しておく）を，キットに含まれる酵素反応液と混合して既定の温度で短時間反応させるだけで相同組換えにより結合するので，後は適切な大腸菌株へ導入すればよい．従来の方法では本書の6.3節「クローニング」でも触れたように，挿入DNA断片とプラスミドを同

じ制限酵素で切断しDNAリガーゼで繋ぐという手順を辿るが、本方法では基本的に制限酵素処理を意識する必要がない点が新しい。15塩基長の相同配列部分のデザインを工夫すれば、マルチクローニングサイトに存在する不都合な制限酵素認識配列をつぶしてしまうことも可能である。さらに特筆すべきは、PCRプライマーをそれぞれうまくデザインしておけば、一度の反応で二つ以上のDNA断片を同時にプラスミドへクローニングできることで、これは遺伝子破壊や遺伝子導入の際のコンストラクト作成の手間を大幅に簡素化することを可能にする。前項の「部位特異的変異の導入」で述べた方法と組み合わせれば、思いつく限りのたいていのコンストラクトは実現できることになる。

15.2 人工遺伝子

もう一つの方法は、人工遺伝子の活用である。これはPCRプライマーを注文するのと同じ要領で、クローン化したい遺伝子を丸ごとメーカーに合成させてしまうやり方で、現在では多くのメーカーが対応している。合成料金は例えば1 kb（1,000塩基長）で5〜10万円程度で納期は1〜2週間程度かかるが、1990年頃に20塩基長の合成DNAプライマーの購入に同じくらいコストがかかったことを思い出すと隔世の感がある。しかも、以下に挙げる特徴を考慮すれば、自らの研究室で試行錯誤しながら従来法でクローニングするより優れた方法と言える。人工遺伝子ならではの利点の一つとして、コドン出現頻度を自由に調節できることが挙げられる。強制発現による酵素タンパク質の大量合成を計画する場合、宿主となる大腸菌向けあるいは酵母向けなどに、コドン出現頻度を最適化した配列で遺伝子をデザインできるメリットは計り知れない。発現タンパ

ク質精製のためのタグの付加や，制限酵素認識配列の付加や削除も思いのままである．また，合成遺伝子をあらかじめ任意のプラスミドに挿入した形で納品することにも対応しているメーカーが多いので，もっぱらこれに頼るならば本書で解説した半分以上の操作項目は不要であり，遺伝子操作に向けた設備投資も，細胞へのプラスミドコンストラクト導入や培養に関するものを除けばかなりの部分が不要ということになる．筆者らとしては複雑な心境であるが，安くて便利，しかも確実となれば，このような"手段"が主流になっていくのも当然かもしれない．

第16章
大腸菌による外来遺伝子の強制発現

　タンパク質の構造，機能を調べるためには，そのタンパク質をできるだけ多量に精製する必要があるが，合成量が少ない，あるいは精製方法が複雑などの理由で，そのタンパク質を本来合成する生物から得ることが困難であるケースは多い．そこで，そのタンパク質をコードする遺伝子を大腸菌に導入し，過剰に発現させ回収するということがよく行われる．その際に，大腸菌がもともと持つ多くのタンパク質からの単離を容易にするために，導入する遺伝子へ本来の機能に影響を与えない範囲で手を加え，発現タンパク質の末端にペプチドタグを付加させるなどの工夫もよく行われる．本書でこれまで解説してきたPCR，プラスミドへのDNA断片の挿入，大腸菌の形質転換の技術を活用すれば，大腸菌を使った外来遺伝子の強制発現系の構築が可能である．例えばpUCプラスミドの*lacZ*遺伝子と転写方向が同じになるように目的遺伝子を挿入して大腸菌へ導入すれば，それだけでタンパク質合成が誘導できる場合もある．しかし，大腸菌での外来遺伝子の強制発現（または過剰発現）を目的として作られた「発現ベクター」と呼ばれるプラスミドが多数市販され利用されているので，ここではそれらを紹介したい．

16.1 発現ベクター

　現在最も広く利用されている発現ベクターは pET の表記で始まる一連のプラスミドシリーズであろう．遺伝子の発現にはプロモーターと呼ばれる転写開始因子が必要で，これはある規則性を持った数十塩基長の配列であるが，pET プラスミドではT7プロモーターと呼ばれる非常に強力な転写開始因子が使われている．このT7プロモーターは大腸菌に感染するT7ファージに由来するもので，もともとはこのファージの持つ RNA ポリメラーゼ遺伝子の転写開始因子である．単純に転写誘導が強力なだけでなく，IPTG の添加によって誘導が促進され，この誘導物質（IPTG）非存在下では転写がほぼ完全に止まるところに利用価値がある．タンパク質にもよるが，その過剰発現は大腸菌にとって有害な場合が多いので，普段は発現を抑制しておき，何らかのシグナルを与えたときのみ合成のスイッチが入るような仕組みが必要なのである．pET プラスミドへ挿入する遺伝子は，基本的に PCR で増幅したものを使用する．これは，T7プロモーター下流の所定位置に遺伝子を挿入する際，アミノ酸配列への翻訳の読み枠を正確に合わせるための加工がしやすいからである．アミノ酸配列が DNA（または RNA）3塩基ごと（トリプレット）の並び方によってコードされていることを思い出せば，1塩基または2塩基のずれ（フレームシフトと呼ばれる）がアミノ酸配列をまるで違うものに変えてしまうことは容易に想像できることと思う．したがって，この読み枠（フレーム）を合わせるという作業は，挿入した遺伝子の正常な発現に必須であることが理解できるであろう．pET プラスミドの外来遺伝子挿入部位は，転写の上流側が制限酵素 *Nde*I の認識配列（CATATG）になっているので，PCR のフォワードプライマーの 5'-側にも同様に *Nde*I 認識

配列を付加しておく必要がある．さらに，この認識配列の3'-側の3塩基（ATG）が外来遺伝子の開始コドンとなるようにプライマーをデザインすれば，プラスミドとPCR増幅断片の両者を *Nde*I で切断してライゲーションしたとき，翻訳時の読み枠が丁度合うようになる．一方のリバースプライマーには，例えば *Bam*HI の認識配列を付加しておき，外来遺伝子挿入時に読み枠が終止コドンへと確実に至るようにデザインする．なお，市販のpETプラスミドの種類が多いのは，挿入した外来遺伝子の前後に，さまざまなペプチドタグをコードする配列があらかじめ追加されているのが理由の一つである．例えばpET–14bやpET–15bといったプラスミドでは，所定の部位に外来遺伝子を挿入した場合，発現タンパク質のN–末端に6残基のヒスチジン（ヒスチジン–タグ）が付加するように作られている．pET–41やpET–42ではGST融合タグが付加するなど，他にもさまざまな種類のタグが利用できるので，あるタグが目的タンパク質の発現・精製に適していなかったとしても，同様の実験手順で別のタグを試すことができる．

16.2 発現タンパク質の回収

　外来遺伝子発現ベクターの宿主として，大腸菌のBL21株という，プロテアーゼ活性を弱めた株が通常使われる．pETプラスミドを発現ベクターとして使用する場合は，このBL21株にT7ファージのRNAポリメラーゼ遺伝子を組み込んだBL21（DE3）株を使用する．ここで詳細は述べないが，このRNAポリメラーゼ遺伝子が *lac* プロモーターの制御下に置かれることによって，IPTGによるタンパク質発現のON/OFFがより確実に効くようになっている．pETプラスミドで形質転換を行った大腸菌を培養し，対数増殖後期に移ったところでIPTGを適切な濃度で加えると，外来遺

伝子の発現が強力に誘導される．数時間培養を続けた後，大腸菌細胞を破砕し，付加したタグに応じたアフィニティクロマトグラフィーで分離すれば，外来タンパク質が高い精製度で多量に得られることになる．後の実験にタグ部分が邪魔になるようなら，タグと開始メチオニンの間の数残基のスペーサー部分にスロンビンというプロテアーゼの認識部位があるので，ここから切断することができる．ただし，タンパク質が合成されても，必ずしもそれが正しい立体構造を形成し機能するとは限らないことは知っておくべきであろう．例えば，合成されたタンパク質が細胞内で不規則な集合体（封入体：inclusion body）を形成してしまう場合もよく知られている．このような場合には，GST（グルタチオン–S–トランスフェラーゼ）をタグとして使うことで問題が解決することがある．GSTは大きさが約26 kDaあり，タグとしてはかなり大きいが，高い親水性を持つため，これと融合したタンパク質も同様に可溶化しやすいという利点がある．この他にも外来タンパク質の効果的な合成を目的としたタグやベクターの開発がさまざまなメーカーの間で競われているので，研究の目的や自分のサンプルの性質に合わせていくつか試してみるのは悪くない．中にはGFP（緑色蛍光タンパク質：Green Fluorescent Protein）をタグとして使用し，融合タンパク質を細胞内局在を調べるレポーターとして使うことができるシステムも販売されている．

　以上のように，大腸菌を宿主として利用する外来タンパク質の過剰発現系の構築はかなり手軽な実験になりつつあり，封入体抑制の研究も進んできている．しかしまだ困難なものが多いのもまた事実で，大腸菌には無い特殊なコファクターを要求するタンパク質や，複雑なサブユニット構成を取るタンパク質複合体などを合成させるのは，まだまだ難しいのが実情である．

第17章

DNA シークエンシング
（塩基配列の決定）

　プラスミド等にクローニングしたDNA断片の塩基配列決定は，遺伝子解析の最も基本的な実験操作である．遺伝子操作のうえでも，作成した変異株における遺伝子導入部位の最終的な確認や，変異株作成用のプラスミドコンストラクトの配列確認に欠かせない．その方法にはいくつかあるが，ここではまず現在でも多用されているサンガー法について紹介する．

17.1　ジデオキシ法

　フレデリック・サンガーによって提案されたこの方法はサンガー法とも呼ばれ，DNAポリメラーゼを使ったDNAの伸長反応と，ジデオキシヌクレオチド添加による伸長反応の段階的な停止を利用して配列を決定する方法である．得られたさまざまな長さのDNA断片を電気泳動等によって分離することで塩基配列を読みとることができる．図17.1に，pUCプラスミドのマルチクローニングサイトに挿入されたDNA断片の塩基配列を決定する場合を例に，その概要を示す．DNAの伸長反応には鋳型となる1本鎖DNAと，反応開始点となる短い相補鎖DNA（プライマー）が必要である．図の例ではpUCプラスミドを変性させて1本鎖DNAとしたものを鋳型（テンプレートDNA）とし，マルチクローニングサイトのすぐ外側

124 第17章 DNAシークエンシング（塩基配列の決定）

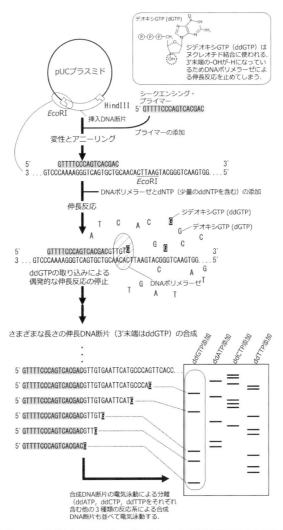

図17.1 ジデオキシ法（サンガー法）による塩基配列決定の概要

の配列に対合する17塩基長のオリゴDNA（図に示したものはM13ユニバーサルプライマーと呼ばれ，塩基配列決定でよく使用される）をプライマーとしている．両者を混合してアニーリングするとプライマーが特異的に対合するので，これを反応開始点として，さらにDNAポリメラーゼとdNTP（デオキシヌクレオチド）を加えて伸長反応を行う．このとき加えるdNTPに，ある一定の低い割合でddNTP（ジデオキシリボヌクレオチド）を混ぜておく．図の例ではddGTPを混ぜており，これにより低い確率ではあるが，dGTPの代わりにddGTPが取り込まれ，その場合は伸長反応が途中で停止してしまう．したがってこの反応で最終的に得られるDNA鎖集団は，5'末端が共通でさまざまな長さを持ち，かつ3'末端が必ずGとなる．ddGTPの混合比をうまく設定すれば，さまざまな長さのDNA鎖がほぼ等モル比で得られる．同様の反応をddATP, ddCTP, ddTTPのいずれかを混合した反応系でも別々に行っておき，合計4種類の伸長DNAサンプルを，ポリアクリルアミドゲル電気泳動で，レーンを並べて同時に分離してやれば，泳動距離の長い（＝鎖長が短い）ものから短い（＝鎖長が長い）ものに向かって塩基配列を読み解いていくことができる．

17.2 サイクルシークエンス法

　以上がサンガーの考案による塩基配列決定法の基本的な流れである．現在までこの方法には数々の改良が加えられてきた．最も大きな改良は，PCR法を取り入れたことであろう．サイクルシークエンス法と呼ばれるこの方法では，PCRと同様に，高熱性細菌のDNAポリメラーゼを使い，熱変性→アニーリング→伸長反応のサイクルを繰り返すことで鋳型DNAを繰り返し利用できるように

なり，反応に必要な鋳型 DNA 量が少なくてすむようになった．また，かつては電気泳動での DNA バンド視覚化のためにラジオアイソトープが標識として使われていたが，現在では蛍光色素が使われている．それも A，G，C，T，四つの塩基それぞれに対応させて，波長特性の異なる 4 種類の蛍光色素を使い，さらにそれぞれを反応停止基質（ターミネーター）であるジデオキシヌクレオチドにあらかじめ結合させておくことができるようになったので，従来法では一つの塩基配列決定につき 4 本の反応系が必要だったのに対し，まとめて 1 本ですむようになった．この方法はダイターミネーター (Dye terminator) 法と呼ばれ，アプライドバイオシステムズ社の主導で開発されてきた．この方法で得られた DNA サンプルを電気泳動し，蛍光シグナルを読み取り，配列の解析までを行う装置（DNA シークエンサー）も販売されている．現在主流となっている DNA シークエンサーでは，ポリアクリルアミドゲルではなく，細いガラスのキャピラリーを使って電気泳動を行うようになっている．電気泳動により分離された DNA 鎖は，3'末端のダイターミネーターに対するレーザー照射と蛍光検出によって 4 種類のクロマトグラム（それぞれ A,G,C,T に対応する）として記録され，コンピュータによる塩基配列の解析が行われる．

17.3 ダイターミネーター・サイクルシークエンス法の操作

現在，塩基配列の決定は，上述のダイターミネーター法とサイクルシークエンス法を組み合わせたダイターミネーター・サイクルシークエンス法で行うことがほとんどで，アプライドバイオシステム社の提供する DNA シークエンサーと反応キット (Big Dye Terminator Cycle Sequencing Kit) を使用して行うことが前提となってい

る．配列決定の対象となる鋳型（テンプレート）DNA はプラスミドまたは PCR 増幅産物の状態で，プライマーは 17 から 20 塩基長程度の合成オリゴ DNA を任意にデザインして使用する．反応液の調製は，テンプレートとプライマーを既定の濃度で混合（十数 μL）しておき，市販の反応プレミックス溶液（反応に必要なバッファー成分，DNA ポリメラーゼ，dNTP，ダイターミネータをあらかじめ混合した溶液）を規定量加えるだけである．反応液の入ったチューブを遺伝子増幅装置（サーマルサイクラー）にセットし，決められた温度プロファイルで PCR と同様の反復反応を行う．反応終了後，エタノール沈殿等で余分なダイターミネーターを除去し，DNA シークエンサーにセットする．DNA の電気泳動や蛍光検出，さらに塩基配列の解析は，この DNA シークエンサーが自動で行う．以上のように，DNA の塩基配列決定の実験操作手順は，現在ではとても簡単である．それでも「伸長反応がうまく進まない」「DNA シークエンサーで得られるシグナルが低すぎる（あるいは分離が悪い）」といったトラブルがしばしば見られる．こうしたトラブルは鋳型 DNA の精製度に原因がある場合がほとんどである．プラスミドを鋳型にする場合は RNA やゲノム DNA の断片など無関係な核酸の混入に注意し，PCR 産物が鋳型の場合は増幅時のプライマーの除去を徹底する必要がある．精製方法によってはフェノールやエタノールの持ち込みにも十分注意を払わなければならない．鋳型 DNA の懸濁が不十分だったために，不正確な濃度で反応させてしまった失敗例もよくある．精製の各段階で DNA 溶液がどのような状態にあるか，よくイメージしながら作業を進めることが大切である．

17.4 外注による塩基配列決定

　ここまで，DNAの塩基配列決定を自力で完結させる場合を想定して解説してきたが，受託サービスを利用して塩基配列を決定することも可能である．標準的な受託サービスでは，依頼主側で鋳型DNAとプライマーをあらかじめ調製・混合して送付し，受託側でシークエンシング反応とDNAシークエンサーによる解析を行う．複数のサンプルをまとめて依頼すれば1サンプルあたりの単価（2014年時点で400～1000円／サンプル）も下がるので，どの程度の頻度で塩基配列決定を行うかにもよるが，DNAシークエンサーの導入・維持を自前でするより経済的かもしれない．受託サービスによっては，形質転換した大腸菌を接種した平板培地を送れば，コロニーのピックアップと培養およびプラスミドの精製を含め一貫して引き受けてくれる場合もある．ただし，料金は割高となる（1サンプルあたり数千円）．

第18章

変異株の保存

　ようやく得られた変異株も，何代か継代培養を続けるうち，サプレッサー変異など思わぬ変異が入り込み，形質が変わってしまうことがある．このような場合を想定し，いつでも元の形質に戻れるよう，変異株作成後（変異導入をDNAレベルで確認でき次第）ただちに培養液の一部を，細胞の増殖を止めて保存しておくことが望ましい．細菌の場合は凍結保存が一般的で，これにより簡便かつ長期の保存が可能である．操作手順としては，培養液に終濃度15％となるようグリセロール（オートクレーブであらかじめ滅菌しておく）を加えて混合し，液体窒素に浸けて凍結するだけである．このときの培養液は細胞分裂が盛んな指数増殖期あるいは指数増殖後期のいわゆる「活きのよい」状態で使用することが大切である．大腸菌を例に取れば，平板培地上のコロニーを一つピックアップして数mLの液体培地に接種し，一晩振とう培養した翌朝の培養液（600 nmでの濁度が1前後）を使用する，というタイミングとなろうか．グリセロールは粘度が高くて扱いにくいので，あらかじめ水で30％に薄めたものを滅菌してストックしておき，使用時は培養液と等量ずつ混合すると手軽に扱える．凍結保存用の容器はポリプロピレン製の容量1〜2 mL程度のもので，保存中の蒸散を防ぐためスクリューキャップ等でしっかり密閉できるものを使用する．凍結後はそのまま液体窒素に浸けておくか，−80℃のディープフリーザー

に移しておけば，細菌の増殖能を保ったまま長期間保存できる．菌種によってはグリセロールが有害な場合があるので，代わりにジメチルスルホキシド（DMSO）を7%となるように加えて凍結保存する場合もある．

　凍結保存している細菌株を培養する場合，凍結したチューブを液体窒素デュワーまたはディープフリーザーからいったん取り出すことになるが，接種は素早く行い，直ちに元の低温へ戻し，融解しないように注意すること．接種に際しては，凍結している培養液の表面を，滅菌した白金耳で数回こすって付着させ，直ちに平板培地または液体培地に接種する．筆者らの経験では20年間−80℃で凍結保存した場合でも問題なく増殖が見られている．なお，微生物マットを形成する細菌などでは少量の接種だと増殖が見られない場合もあり，このような場合は複数の容器を使って凍結保存しておき，使用する際は1本分を溶解して適量の培地へ全量加えるようにする．

第19章

遺伝子組換え実験の制限
(カルタヘナ法)

　この十数年の間に遺伝子を扱う技術は大きく進歩し，併せていろいろなメーカーから操作を簡単かつ確実に行うためのキットが数え切れないほど発売されるに至り，遺伝子組換え実験は手軽なものとなりつつある．しかしそれと比例するように，社会から向けられる目は厳しいものとなってきている．有害な生物機能が作り出され，それが拡散するのではないかという不安や，環境中の生物多様性に負の影響を与えるのではないかという憂慮がその根本にある．そこで遺伝子組換え実験を行うに当たっては，その内容や危険度をあらかじめ政府機関または所属機関に申告して許可を得るとともに，組換えDNAが研究室外へ漏洩することがないよう必要な措置（拡散防止措置）をとらなければならない．昭和54年に「組換えDNA実験指針」が旧文部省より告知され，同年さらに内閣総理大臣により決定されたことを受け，遺伝子組換え実験の定義や拡散防止措置の具体的内容が示され運用されることとなったが，後に我が国も「生物の多様性に関する条約のバイオセーフティに関するカルタヘナ議定書」を締結したことにより，平成15年に「遺伝子組換え生物等の使用等の規制による生物の多様性の確保に関する法律」という，別名「カルタヘナ法」とも呼ばれる法律が施行されるに至った．遺伝子組換え実験を始めるに当たっては，この法律の詳細についてhttp://www.lifescience.mext.go.jp/bioethics/index.html（文科省）

など関係省庁のWebページを必ず参照し,よく理解しなければならない.

カルタヘナ法では遺伝子組換え実験は第一種使用等（主に野外）と第二種使用等（実験室内）が規定されており,本書で扱うような実験は第二種使用等に当たる.さらに,どのような菌種とベクタープラスミドを使用するか,言い換えれば実験室外へ漏洩した場合にどの程度拡散の危険性があるかで拡散防止措置の厳密さが決められている.その厳密さは「物理的封じ込めレベル」として表され,P1レベルからP3レベルまでが規定されている.例えば,実験室内の管理された培養条件でのみ増殖可能な（自然環境中では生残の可能性が低い）菌種と,その菌種内でのみ増幅・保持が可能なベクタープラスミドの組み合わせで実験を行う場合（大腸菌JM109株とpUC系プラスミドの組み合わせがこの条件に該当する）,最も低次なP1レベルの拡散防止措置が求められる.その具体的措置内容を要約すると,

- 実験室が,通常の生物の実験室としての構造および設備を有すること.
- 遺伝子組換え生物を含む廃棄物は不活化（オートクレーブ等）してから廃棄する.
- 遺伝子組換え生物等が付着した機器・器具等は,不活化してから再使用する.
- 実験台は常に,遺伝子組換え生物等が付着していない状態にしておく.
- 実験室の扉や窓は,出入りのとき以外閉じておく.
- 実験操作中,エアロゾルの発生を最小限にとどめる.
- 遺伝子組換え生物等を実験室から持ち出すときは,拡散が起こ

らない構造の容器に入れる．
・実験操作後は手洗い等によって，遺伝子組換え生物等の付着や感染を防止する．
・実験の内容を知らない者が，みだりに実験室に立ち入らないための措置を講ずる．

などとなる．P2レベルでは上記に加え安全キャビネットの使用やオートクレーブの設置，「P2レベル実験中」の表示義務などが求められ，P3レベルでは実験室の排気・排水設備に対する徹底した拡散防止処理や保護具の着用義務，および保護具着脱のための実験室前室の設置など，一段と大がかりなものとなる．こうした高次の拡散防止措置は，対象とする菌種の病原性や伝染性の強さによっては必要となるもので，その危険性は省令によりクラス1からクラス4まで分類されている．病原性も伝染性もない菌種はクラス1に分類される．

　ここでは遺伝子組換え実験の申請や認可の具体的な流れについて簡単に述べたい．遺伝子組換え実験の実績がすでにある多くの大学や研究機関では，組換えDNA実験安全委員会が設置されているはずである．この委員会の定める要綱をよく読み，指定された手順で申請を行う．特に指定が無い場合は要綱に記載されている組換えDNA実験安全主任者（組換えDNA実験に精通した教員または研究者から選出されている場合が多い）のもとへ直接出向き，組換えDNA実験を行いたい旨申告する．ここで拡散防止措置への認識や具体的対応状況などを尋ねられると予想されるが，問題なければ申請書の書式をもらえるはずである．申請書には実験で使用する宿主細菌，DNA供与細菌，ベクタープラスミドの名前などを正確に記入し，実験の概要や実験後の遺伝子組換え生物の処理法（不活化の

方法) なども記入することになる．申請書の提出はたいてい年度の初めに設定され，1年間の実験計画に基づいて記入することになる．年度途中での内容の変更は可能であるが，実験計画をしっかり立てて過不足無く記入したい．記入後，申請書は組換えDNA実験安全主任者または指定された窓口へ提出する．申請書は組換えDNA実験安全委員会で審査され，問題が無ければ機関の長（大学であれば学長）により承認される．実際の実験操作はこの承認の連絡を受け取った以降に可能となるが，多くの場合，遺伝子組換え実験従事者に対する教育訓練を受けていることが前提となるので，この点についても申請時に確認しておく必要がある．以上は所属機関で申請・承認が成立する「機関承認実験」での流れであるが，病原性の高い材料を使用する場合など，文部科学省に確認申請書を提出する「大臣確認実験」となる場合もあるので，特殊な細菌種を使用するときは事前にDNA実験安全主任者とよく相談しておかなければならない．

　遺伝子組換え生物は，申請した実験期間終了までにオートクレーブ等で不活化しなければならないが，凍結保存してその後も実験に使用する場合は改めて遺伝子組換え実験の申請をしなければならない．このような場合の実験は，もちろん定められた拡散防止措置のもとで行うこととなる．また，遺伝子組換え生物を他機関へ譲渡したり他機関から受け入れたりする場合も届け出と承認が必要となる．ここでは手続きの概要を述べるに留めているが，遺伝子組換え生物の使用は法律によって規定されている行為であり，違反があれば実験責任者に対し懲役や罰金が科されることもあるということを知っておいて欲しい．

用語説明

dNTP
　4種（dATP, dTTP, dCTP, dGTP）のデオキシリボヌクレオチドの混合物．DNA伸長反応の基質．

F'プラスミド
　大腸菌に見られるプラスミドの一つで，接合伝達に必要な遺伝子セットを持っている．サイズが94.5 kbある大きめのプラスミドである．F因子とも呼ばれ，染色体DNAの一部を菌から菌へ運ぶことがある．

GFP
　Green Fluorescent Proteinの略．オワンクラゲの蛍光タンパク質．補因子を必要とせずタンパク質部分だけで青色光励起により緑色蛍光を発する．研究対象のタンパク質の遺伝子にGFPなどの蛍光タンパク質の遺伝子をつないで同時に発現させ，そのタンパク質が発現している場所などを調べる手法がよく使われる．

GST 融合タグ
　強制発現させたタンパク質のアフィニティークロマトグラフィーによる精製のため対象タンパク質のN末端につなげて発現させるポリペプチドタグの一種．グルタチオン–S–トランスフェラーゼ（GST）という酵素タンパク質が本体で，グルタチオンを結合した樹脂を利用すると融合タンパク質を効率的に精製することができる．親水性が大きいため融合タンパク質が凝集しにくいことが長所で，融合部にあらかじめ特異性の高いタンパク質分解酵素の切断部分を設けておけば，精製後に目的タンパク質を単離することができる．

His-tag（ヒスチジンタグ）
　ペプチドタグの一種でヒスチジン残基が六つ程度つながったもの．強制発現させるタンパク質のペプチド末端に遺伝子段階でつなげて発現させる．ヒスチジンのNiなど金属原子への親和性を利用して，発現タンパク質のアフィニティークロマトグラフィーによる精製に使われる．

IPTG
　イソプロピル–β–チオガラクトピラノシド．アロラクトースの類似体で，*lacZ* を含むラクトースオペロンの転写を誘導する．

***lac* プロモーター**
　lacZ を含むラクトースオペロンの上流にあって，転写制御タンパク質（抑制因子や促進因子）が結合するDNA領域．転写酵素（RNAポリメラーゼ）がまず結合

して転写を開始する部位を含む．

mob 遺伝子
　接合伝達に用いるプラスミドに必須の遺伝子で，環状構造のプラスミドの特定部分（ori）に切れ目（ニック：片鎖の切断）を入れ，他の菌へ移動可能なかたちにする役割を持つ．

アニーリング
　5'-AAGG の塩基配列に対する 5'-CCTT のように，相補的な配列を持つ 1 本鎖 DNA または RNA と，水素結合により互いに対合させること．94℃ 程度の高温処理で 2 本鎖 DNA を 1 本鎖に分離（変性）させた後，徐々に温度を下げる（60℃ 前後まで）ことでこの対合を誘導することが多い．

エレクトロポレーション
　細胞懸濁液に高電圧パルスを印加して穴を開け，プラスミド等を細胞内へ導入する方法．形質転換の代表的な方法の一つである．

オートクレーブ
　料理で使う圧力鍋と同様，密閉した空間を高温・高圧で処理するための機器．生物学分野では主に細菌を死滅させたり（滅菌）タンパク質等を不活化するために使う．前者の目的の場合，通常 120℃ で 20 分間以上の処理を行う．こうした処理を「オートクレーブする」というように，動詞としても用いる．

オリゴ DNA
　主に人工的に合成された短い DNA 断片を指す．PCR および DNA シークエンシングにおけるプライマーや，ハイブリダイゼーションのプローブとして用いられる．一般的に数塩基から数十塩基の長さを持つ 1 本鎖 DNA である．

カウンターセレクション
　プラスミド中の DNA 領域を相同組換えでゲノム DNA に入れる場合などに，1 回だけ組換えが起こった細胞と，2 回組換えが起きてプラスミドから必要な DNA 領域だけがゲノム DNA に組み込まれた細胞を見分けるために行う操作．後者では組込み領域に入れた抗生物質耐性が残るのに対し，プラスミド上の抗生物質耐性が失われることを目安に判定する．

グラム陰性細菌
　19 世紀にハンス・グラムによって考案された細菌の分類法の一つに，クリスタルバイオレットなど塩基性の色素で細菌細胞が染色されるか否かで判定する方法（グラム染色法）がある．この方法で染色されない細菌をグラム陰性細菌と呼び，大腸菌や多くの病原菌など人間にとって馴染みの深いものが含まれる．細胞壁がペプチドグリカンの厚い層で形成されている細菌（枯草菌など）はグラム陽性となる傾向がある．

クローニング

特定の塩基配列を持つDNA（遺伝子）を大量に複製すること．

クローニングベクター

特定の遺伝子を増幅し加工するために使われる，サイズが小さく細胞あたりのコピー数が多いプラスミド，pUCという表記で始まる名前（例：pUC118）が付けられた一連のプラスミドが代表的である．

クローン化

上記「クローニング」と同じ意味であるが，DNA（遺伝子）がプラスミド等に挿入され大量に複製されている状態を指して使う．

形質転換（トランスフォーメーション）

生物が，遺伝子構造や塩基配列の変化により，元の性質とは異なる性質を持つようになることを言う．分子生物学では，主に生物細胞へのプラスミド等の導入により，観察可能な新しい性質（形質）を持つように変えることを指して使う．

ゲノム

一つの生物が細胞内に保有する遺伝子すべての総和を指す言葉である．細菌では，その遺伝子情報を担っている長大なDNAをゲノムDNAと呼ぶ．

ゲノム編集

標的の遺伝子配列を特異的に切断するように工夫した，人工DNA切断酵素（人工ヌクレアーゼ）であるZinc Finger Nucleases（ZFNs）やTranscription Activator-Like Effector Nucleases（TALENs），および，CRISPR/Casシステムを細胞内で働かせ，目的の位置でゲノムDNAを切断する．そして切断部位の修復過程において誘発される塩基の欠失や挿入，外来DNAとの相同組換えにより，標的遺伝子の破壊や外来遺伝子の挿入などを可能にする技術．

広宿主域プラスミド

多くの異なる種を宿主として自己複製が可能なプラスミド．

抗生物質耐性遺伝子

抗生物質を分解するなどして不活化する酵素を規定している遺伝子．

コドン出現頻度

一つのアミノ酸を規定するDNA上の3塩基（トリプレット）の塩基配列は，多くの場合複数種類あるが，それぞれの配列がどれだけ利用されているかを割合で表したもの．例えばG（グリシン）はGGA，GGG，GGC，GGTの4種類のコドンによって規定されるが，実際の遺伝子でグリシンのコドンを調べるとGGGとGGCばかりが使われているなどということがある．こうした使用コドンの偏りは種によってまちまちである．

コファクター
ヘム，鉄イオウクラスターなど，酵素あるいはタンパク質がその活性発現のために必要とする低分子．補因子ともいう．

コロニー
単一の細胞が同一箇所で分裂を繰り返すことにより形成される，同じゲノム情報を共有するクローン集団．主に，平板培地上に細菌懸濁液を塗り広げることで形成させる．

コロニーハイブリダイゼーション
特定の遺伝子ないしは塩基配列を持つ細胞を探すため，固形平板培地上に生じたコロニーを直接変性させてナイロン膜へ転写し，目的の塩基配列と対合する標識DNA プローブを使ってサザンハイブリダイゼーションを行うこと．

コンストラクト（プラスミドコンストラクト）
遺伝子操作に必要な遺伝子，プロモーター，制限酵素認識配列などを設計どおりに組み込んだプラスミド．

コンタミネーション
研究対象でない細菌・菌株などが混入すること．

サザンハイブリダイゼーション
電気泳動後の DNA 断片などにおける特定の塩基配列の存在を検出するために，対合する標識 DNA プローブをかけて調べる操作．通常 DNA 断片はナイロン膜などに吸着させてからプローブ DNA と結合させる．

サブユニット
タンパク質を構成するポリペプチドが複数ある場合それぞれをサブユニットと呼ぶ．

サプレッサー変異
一度遺伝子変異を起こして変化した形質が，2 度目の変異が起こって元の形質に戻ったとき，この 2 度目の変異を指して使う語．

シークエンサー
DNA 塩基配列自動分析機．

ジゴキシゲニン（DIG）
ジギタリス属の植物の持つステロイド系物質．適当なスペーサーを介して（デオキシ）ヌクレオチドの塩基（おもにウリジン）に結合したものを，特異性の高い蛍光標識抗体で検出することができるので，ハイブリダイゼーションのプローブなどに結合させて使う．

自殺プラスミド
導入された細胞内では増殖できず，自然に排除されるプラスミドベクター．特定

の株の大腸菌の中では増殖が可能なものがよく使われる．

ジデオキシヌクレオチド

デオキシリボースの3'炭素原子についている–OH基をH原子に置換したヌクレオチド．DNA伸長反応ではデオキシリボースの3'OH基に次のヌクレオチドのリン酸基が結合するが，これがHに置換されているとそこで伸長反応が止まる．DNA伸長反応でdNTPにジデオキシヌクレオチドを適当な比率で混ぜておくと，さまざまな段階で伸長の止まった1本鎖DNAが得られ，それぞれを電気泳動などで分離して3'末端に入ったジデオキシヌクレオチドの塩基の種類を蛍光色素などで読むことによりDNA塩基配列がわかる．

シャトルベクター

2種の生物種の中で増殖可能なプラスミドベクター．

スプレッダー

固形培地（寒天プレート）の表面に菌体を均一に播種するための柄のついた短い棒．ガラス棒を曲げて作ったものが多い．

スロンビン

トロンビンともいう．血液凝固に関わるタンパク質分解酵素．アルギニン残基のカルボキシル基側でペプチド結合を特異的に切断するセリンエンドペプチダーゼ．

性繊毛（性線毛）

細菌の細胞から外へ伸びる繊維状構造で，タンパク質でできているものを繊毛（線毛）と呼ぶ．そのうち，他細胞との付着によって接合伝達に働くものを性線毛と呼ぶ．

接合伝達

二つの同種または異種の細胞が線毛を介して連絡し，プラスミドDNAを一方からもう一方へ複製しながら受け渡す現象．形質転換の方法としてよく利用される．

セルフライゲーション

同じDNA鎖にある二つの切断末端がつながること．プラスミドにDNA断片を組み込む際にプラスミドの断点がDNA断片とつながらずに，再び同じ場所でつながる場合などをいう．

対数増殖期

微生物の集団が2分裂によって増殖するとき，時間nに対して2^nで細胞数が増加し続けている期間を指して用いる語．したがって厳密には指数増殖期と表現すべきであるが，グラフ上にプロットするとき細胞数を対数で表し，時間に対して一次関数的に扱うことが多かったことから慣用的に「対数」増殖期と呼ばれている．

ダイターミネーター

蛍光色素を結合したジデオキシヌクレオチド．DNAシークエンシングのための

DNA 伸長反応の際に，これが各 dNTP の代わりに入ると伸長反応がそこで止まり，なおかつ塩基の種類ごとに異なる蛍光を発することから，伸長反応が止まった箇所の塩基の種類を判定できる．

テンプレート

DNA の複製等で鋳型となる（1 本鎖）DNA．

トランスポゾン

自らを DNA の中から切り出し，他の DNA 部分に挿入する能力を持つ DNA 断片．そのための酵素遺伝子を持つ．

発現ベクター

外来遺伝子の強制発現などに使用されるベクタープラスミド．導入された細胞内で目的遺伝子を発現させるためのプロモーターを備えている．

バッファー

pH 緩衝液のこと．酵素反応は pH 依存性があり pH を一定に保つ必要がある．

ビオチン

生物の主要代謝系（ピルビン酸脱水素酵素など）の補酵素としても知られる低分子物質．ビオチンを結合させた DNA プローブやタンパク質を特異抗体を用いて検出するほか，卵白の糖タンパク質であるアビジンとの特異的結合を利用した検出も行われる．

プライマー

DNA 伸長反応の反応開始点となる短い 1 本鎖 DNA．鋳型 DNA 鎖（テンプレート）と相補する塩基配列を持つが，必ずしもすべての塩基が相補的とは限らない．

ブルー・ホワイトスクリーニング

クローニングベクター等に外来遺伝子を挿入するとき，その挿入箇所を *lacZ* 遺伝子の内部とすることで宿主のラクトース活性を破壊する．これにより X–Gal（5–ブロモ–4–クロロ–3–インドリル–β–D–ガラクトピラノシド）の分解による青色の化合物が生成されなくなるためコロニーは白色となるが，外来遺伝子の挿入に失敗すると青色を呈するため肉眼で区別ができる．このように外来遺伝子の挿入の有無を，コロニーの呈する青／白で判断して菌株を選択する方法をブルー・ホワイトスクリーニングと呼ぶ．

フレームシフト

タンパク質合成の際，三つの塩基ごとの枠（フレーム）に対応するアミノ酸が結合して行くが，塩基の脱落や遺伝子挿入でこの枠がずれて，原因箇所より下流のアミノ酸配列がまったく変わってしまうこと．多くの場合停止コドンが生じてポリペプチド伸長が途中で終わってしまう．融合タンパク質合成のためにはフレームに合わせた遺伝子の挿入が必要である．

プロテアーゼ
　ペプチド結合の切断を行うタンパク質分解酵素.
プロモーター
　DNA の転写開始点上流の非コード領域にある転写の調節領域で，この部分に RNA ポリメラーゼによる転写を促進または抑制する調節タンパク質が結合する.
平板培地
　細菌等の培養液に寒天を加えて加熱・溶解させ，それをシャーレに注いで固化させた，平らな面積を広く持つ固形培地. この平らな面に細菌懸濁液を塗り広げて培養し，単一細胞に由来するクローン集団（コロニー）を観察または選択して分離するために用いる.
ベクタープラスミド
　遺伝子操作において，対象とする遺伝子の維持・増幅や標的細胞への遺伝子導入に使われるプラスミド.
ペプチドタグ
　強制発現させるタンパク質の末端に，遺伝子段階でつなげて発現させるペプチド. 樹脂に結合させた何らかのリガンドとの親和性が高いものが使われ，これを利用したアフィニティークロマトグラフィーによる精製が容易となる.
ヘム c
　ポルフィリンの 2 価鉄錯体の一種でシトクロム（チトクロム）と呼ばれるタンパク質に共有結合で組み込まれ，主に電子伝達体として働く. 共有結合部位周辺のアミノ酸配列は独特なので DNA 塩基配列からも結合部位が推定できる.
マルチクローニングサイト
　多くのベクタープラスミドに作られている，利用頻度が比較的高いいくつかの制限酵素の認識塩基配列を狭い範囲で持っている部分.
ミニプレップ
　小スケールのプラスミドの単離精製に使われる手順. ＜3.3 節　プラスミドの単離・精製＞参照.
野生株，変異株
　その生物の生育環境で自然に見られる性質を有し，人間の手によって改変も選別も受けていない集団またはその集団の一員を野生株と呼ぶ. 人間の手による改変（遺伝子操作など）や選別を受けていれば変異株と呼ばれる. 天然のものであっても，集団内の大多数と異なる性質を示す（つまり遺伝子が変化している）ものは変異株と呼ぶ.
ライゲーション
　DNA の切断末端をつなげること. DNA リガーゼという DNA 修復酵素の一種を使

う．

リガンド配列

タンパク質内にヘムなどの補因子を結合する複合タンパク質における，補因子結合部位に見られる独特のアミノ酸配列．

リバータント

復帰変異株．人為的変異株あるいは自然に生じた突然変異株から元の親株の表現型に戻った変異株．遺伝子的には親株と同じとは限らない．

レポーター遺伝子

lacZ のように発現の有無が簡単にわかる遺伝子で，研究対象の遺伝子につないで同時に発現するようにして対象遺伝子の発現を調べるために使われる．

索 引

【欧文・略号】

3'末端 ································7
5'末端 ································7
70%エタノール ······················20

BL21（DE3）株 ················34, 121
bla 遺伝子 ····························67
blunt end ······························38

cccDNA ······························27
cDNA ································11
cohesive end ··························38
C 末端 ································8

DDBJ ································43
ddNTP ·······························125
DNA 塩基配列 ·······················43
DNA サイズマーカー ···············40
DNA シークエンサー ···············126
DNA ポリメラーゼ ·······51, 53, 55, 123
DNA ライブラリー ··················43
DNA リガーゼ ·······················42
dNTP ······························60, 125

E. coli ·································33
*Eco*RI ································37
ES 細胞 ·······························71

F'プラスミド ·························69

G＋C 含量 ····························56
GFP ·································122
GST ·································122

His-tag ··························114, 121

inclusion body ·······················105
iPS 細胞 ······························71
IPTG ·······················66, 68, 120, 121

JM109 株 ·······················33, 169

lacZ ···························12, 42, 68
lacZ 遺伝子 ···················68, 69, 101
lac プロモーター ···················121
LB 培地 ······························34

mob 遺伝子 ···························98
mRNA ·································6

NCBI ································43
N 末端 ································8

ORF ··································10
ori ································41, 98

PCR ··················53, 94, 111, 115, 125
pET プラスミド ····················120
pir 遺伝子 ··························100
pJP5603 ·······················26, 98, 101
pJRD215 ·······················26, 82, 106
pRSF1010 ·······················82, 106
pUC ··································26
pUC 系プラスミド ···············33, 108

RNaseA ······························21
RNA ポリメラーゼ ············10, 120
rRNA ··································6

S17-1 株 ······························34
S17-1 λpir 株 ························98
sac 遺伝子 ·······················79, 88

索 引

SYBR Green …………………………40
T7 プロモーター ……………………120
Taq ポリメラーゼ ……………………55
TE（pH8）バッファー ………………20
Tm 値 …………………………………58
tra 遺伝子 ……………………………98
tRNA …………………………………6

X-Gal ………………………………66, 68
β-ガラクトシダーゼ ……………12, 68
β-ラクタマーゼ………………………67
λpir ……………………………………98

【ア行】

アガロース ……………………………15, 40
アクリジンオレンジ …………………40
アグロバクテリウム …………………71
アニーリング …………………………53
アミノ酸配列…………………2, 7, 44, 120
アフィニティクロマトグラフィー …122
アルカリ-SDS 法 ……………………28
アルカリトランスファー ……………92
アルカリホスファターゼ ………48, 51
安全キャビネット ……………………133
アンチセンス鎖 ………………………10
アンピシリン ……………………34, 67

鋳型 ……………………………………4, 121
鋳型 DNA ……………………………58
遺伝子 ………………………101, 108
遺伝子相補実験 ………………………105
遺伝子地図 ……………………………44
遺伝子ノックアウト …………………73
遺伝子破壊 ………………………73, 85

ウイルスベクター ……………………70

エタノール沈殿法 ……………………20
エチジウムブロマイド（臭化エチジウム）
 …………………………15, 40, 92
エレクトロポレーション …63, 81, 107
塩基対 …………………………………6
塩基配列………2, 9, 43, 123, 125, 128

オートクレーブ …………………13, 133
オペロン ………………………………12
オリゴヌクレオチド …………………55

【カ行】

開始コドン …………………10, 56, 121
回文構造 ………………………………37
外来遺伝子 …………………………119, 121
火炎滅菌 ………………………………66
核酸 ……………………………………19
拡散防止措置 …………………………131
カナマイシン ……………………34, 67, 75
カルタヘナ ……………………………131
感受性 …………………………………75

機関承認実験 …………………………134
キャピラリーブロッティング ………92
吸光度 …………………………………30
凝集体 …………………………………105
強制発現 …………………………105, 119
極性効果 ………………………………77

組換え DNA …………………………131
組換え DNA 実験安全委員会 ………133
組換え DNA 実験安全主任者 ………133
クラムフェニコール …………………67
クローニングベクター ………………26
クロロホルム抽出 ……………………20

形質転換 ………………………………63
継代培養 ………………………………129

ゲノム ……………………………………5	スクリーニング ………………43, 86
ゲノム DNA ……………………6, 17, 43	スプレッダー……………………………66
ゲノム編集技術 …………………………70	スロンビン ………………………………122
広宿主域プラスミド ……………82, 106	生化学 ……………………………………2
合成オリゴ DNA ……………………127	制限酵素 …………………………………37
抗生物質 …………………………………34	制限酵素地図 ……………………47, 72
抗生物質耐性 ……………………………67	性線毛 ……………………………………97
コドン ……………………………………8	接合管 ……………………………………97
コドン出現頻度 ………………………116	接合伝達 ……………………………26, 97
コファクター …………………………122	セルフライゲーション …………48, 78
コロニーハイブリダイゼーション …96	センス鎖 …………………………………10
コンタミネーション …………13, 36, 86	相同組換え ……………………73, 86, 115
コンピテントセル ………………………63	挿入失活……………………………………75

【サ行】

【タ行】

サイクルシークエンス法 ……………125	ターミネーター …………………………126
最小培地 …………………………………69	第一種使用等 …………………………132
サザンハイブリダイゼーション …………………………89, 91, 107	大臣確認実験 …………………………134
サザンブロッティング …………………91	対数増殖期 ………………………………101
サテライトコロニー ……………………67	ダイターミネーター ……………………126
サプレッサー変異 ……………………129	大腸菌 ……………………33, 63, 97, 119
サンガー法 ……………………………123	第二種使用等 …………………………132
ジゴキシゲニン ………………………94	タンパク質 ……………………2, 7, 119
自殺ベクター ……………………………26	致死遺伝子…………………………………77
自殺プラスミド …………………26, 34, 108	デオキシリボ核酸 ………………………4
指数増殖期 ……………………………129	テトラサイクリン ………………………67
実験責任者 ……………………………134	電気泳動 ……………………………15, 92
ジデオキシヌクレオチド ……………123	電気穿孔法 ………………………………65
シャトルベクター ………………………26	転写 ………………………………………6
終止コドン ……………………………9, 56	転写開始因子 …………………………120
条件致死 …………………………………88	点変異 ……………………………………111
人工 DNA 切断酵素 ……………………70	同義コドン ………………………………8
人工遺伝子 ……………………………116	凍結保存 ………………………………129

トランスポゾン ……………………75
トリプレット ………………………8

【ナ行】

ナイロン膜 ………………………92

ニック ………………………27, 98

ヌクレオチド ………………………4

ノーザンハイブリダイゼーション ……91

【ハ行】

ハイブリダイゼーション ……………91
発現ベクター ………………119, 120

ビオチン …………………………94
ヒスチジン-タグ …………………121
標識 ………………………………94

部位特異的変異 …………………111
フェノール抽出 ……………………19
付着末端 …………………………38
復帰突然変異 ……………………76
物理的封じ込めレベル …………132
プライマー …………53, 111, 115
プラスミド ……………25, 40, 63, 105
プラスミドコンストラクト …………75
プラスミドベクター ………………25
ブルー・ホワイトセレクション …68, 101
フレームシフト ……………………69
フレデリック・サンガー …………123
プレハイブリダイゼーション ………95
プローブ ………………………43, 91
プロモーター ……………11, 107, 120
プロセシング ……………………11
ブロッティング …………………92
不和合性 …………………………42

平滑末端 …………………………38
平板培地 …………………………66
ベクター …………………………25
ヘテロ接合体 ……………………71
ペプチド結合 ……………………8
ペプチドタグ ……………………119
変異株 ………………………102, 129

補因子 ……………………………105
ポリアクリルアミド …………15, 125
ポリペプチド ……………………7
翻訳 ………………………………6

【マ行】

マーカー遺伝子 ………………35, 68
マルチクローニングサイト …42, 100, 111

ミニプレップ …………………30, 107

メーティング ……………………101
滅菌 ………………………………13

【ヤ行】

薬剤耐性遺伝子 …………………34
野生型 ……………………………85

ユニバーサルプライマー …………111

【ラ行】

ラジオアイソトープ ………………94
ランダムプライマー ………………94

リコンビナーゼ ……………………82
リバータント ………………………76

レプリカ …………………………86
レポーター遺伝子 …………………68

ローディングバッファー …………40
濾過滅菌 …………………………66

〔著者紹介〕

永島賢治（ながしま　けんじ）
1994年　東京都立大学大学院理学研究科生物学専攻博士課程修了
現　在　神奈川大学 光合成水素生産研究所 プロジェクト研究員, 博士（理学）
専　門　生物学（微生物生理学・生化学・分子生物学）

嶋田敬三（しまだ　けいぞう）
1976年　東京大学大学院理学研究科生物化学専攻博士課程修了
現　在　首都大学東京理工学研究科　客員教授（名誉教授), 理学博士
専　門　生化学（光合成細菌）

化学の要点シリーズ　13　*Essentials in Chemistry 13*
化学にとっての遺伝子操作
Gene Manipulation for Chemical Sciences

2015年8月30日　初版1刷発行
著　者　永島賢治・嶋田敬三
編　集　日本化学会　ⓒ2015
発行者　南條光章
発行所　**共立出版株式会社**
　　　　［URL］　http://www.kyoritsu-pub.co.jp/
　　　　〒112-0006 東京都文京区小日向4-6-19　電話 03-3947-2511（代表）
　　　　振替口座　00110-2-57035
印　刷　藤原印刷
製　本　協栄製本
　　　　　　　　　　　　　　　　　　　　　　　　printed in Japan

検印廃止
NDC　464, 467.2, 579.93
ISBN 978-4-320-04418-0

一般社団法人
自然科学書協会
会員

JCOPY ＜出版者著作権管理機構委託出版物＞
本書の無断複製は著作権法上での例外を除き禁じられています. 複製される場合は, そのつど事前に, 出版者著作権管理機構（ＴＥＬ：03-3513-6969, ＦＡＸ：03-3513-6979, e-mail：info@jcopy.or.jp）の許諾を得てください.

化学の要点シリーズ

日本化学会 編／全50巻刊行予定

❶ 酸化還元反応
佐藤一彦・北村雅人著　I部：酸化（金属酸化剤による酸化 他）／II部：還元（単体金属還元剤他）／他‥‥‥‥**本体1700円**

❷ メタセシス反応
森 美和子著　二重結合どうしのメタセシス反応／二重結合と三重結合の間でのメタセシス反応／他‥‥‥‥‥‥**本体1500円**

❸ グリーンケミストリー
―社会と化学の良い関係のために―
御園生 誠著　社会と化学／自然と人間社会／エネルギーと化学／他‥‥**本体1700円**

❹ レーザーと化学
中島信昭・八ッ橋知幸著　レーザーは化学の役に立っている／光化学の基礎／レーザー／高強度レーザーの化学 他　**本体1500円**

❺ 電子移動
伊藤 攻著　電子移動の基本事項／電子移動の基礎理論／光誘起電子移動／展望と課題／問題の解答案／他‥‥‥‥**本体1500円**

❻ 有機金属化学
垣内史敏著　配位子の構造的特徴／有機金属化合物の合成／遷移金属化合物が関与する基本的な素反応／他‥‥‥‥**本体1700円**

❼ ナノ粒子
春田正毅著　ナノ粒子とは？／物質の寸法を小さくすると何が変わるか／ナノ粒子はどのようにしてつくるか／他　**本体1500円**

❽ 有機系光記録材料の化学
―色素化学と光ディスク―
前田修一著　有機系光記録材料のあけぼの／日本発の発明：CD-R／他‥‥**本体1500円**

❾ 電　池
金村聖志著　電池の歴史／電池の中身と基礎／電池と環境・エネルギー／電池の種類／電池の中の化学反応／他‥‥**本体1500円**

❿ 有機機器分析
―構造解析の達人を目指して―
村田道雄著　有機構造解析とは／質量分析スペクトル／NMRスペクトル他　**本体1500円**

⓫ 層状化合物
髙木克彦・髙木慎介著　層状化合物の分類と構造／層状化合物の基本的性質／層状化合物の機能／他‥‥‥‥‥‥**本体1500円**

⓬ 固体表面の濡れ性
―超親水性から超撥水性まで―
中島 章著　新しい濡れの科学／静的濡れ性／親水性／超撥水性 他‥‥**本体1700円**

⓭ 化学にとっての遺伝子操作
永島賢治・嶋田敬三著　ゲノムDNAの抽出・精製／プラスミドの性質と抽出法／大腸菌／制限酵素／他‥‥‥**本体1700円**

【各巻：B6判・並製本・96〜206頁】
══ 以下続刊 ══

※税別価格（価格は変更される場合がございます）

共立出版

http://www.kyoritsu-pub.co.jp/
https://www.facebook.com/kyoritsu.pub